中译本

Aha! Gotcha

啊哈！原来如此

〔美〕马丁·伽德纳　著

李建臣　刘正新　译

科学出版社

北　京

图字：01-2008-0262 号

图书在版编目(CIP)数据

啊哈！原来如此 /(美) 伽德纳（Gardner，M）著；李建臣，刘正新译.
—北京：科学出版社，2008
(20 世纪科普经典特藏)
ISBN 978-7-03-022803-1

Ⅰ. 啊…　Ⅱ. ①伽… ②李…③刘…　Ⅲ. 数学-普及读物　Ⅳ. 01-49

中国版本图书馆 CIP 数据核字（2008）第 124238 号

责任编辑：胡升华　郝建华
责任印制：霍　兵 / 封面设计：黄华斌

科学出版社 出版
北京东黄城根北街 16 号
邮政编码：100717
http://www.sciencep.com
三河市骏杰印刷有限公司 印刷
科学出版社发行　各地新华书店经销
*
2008 年 9 月第　一　版　开本：B5（720×1000）
2024 年 3 月第二十二次印刷　印张：12
字数：245 000

定价：49.00 元

（如有印装质量问题，我社负责调换）

译 者 前 言

本书作者马丁·伽德纳是一位享誉世界的趣味数学大师。他1914年生于美国俄克拉荷马州，中学时代就对数学产生了浓厚的兴趣，大学时代专攻哲学，奠定了他长于推理和思辨的思维特质。1936年芝加哥大学毕业后从事5年新闻工作，炼就了出色的观察能力、概括能力和语言表达能力，为其后一生的创作生涯打下了坚实的基础。1941年应征入伍服役4年，退伍后多数时间作为自由撰稿人以写作维持生计。1956年，美国著名科普杂志《科学美国人》开设“数学游戏”专栏，并力邀马丁·伽德纳主持这个专栏，于是马丁·伽德纳开始了在趣味数学园地的耕耘，不料这竟成了他的终生事业。他几乎是每月一篇，一口气为这个专栏写了25年。撰写的内容涵盖数论、几何、逻辑、排列组合、运筹、拓扑、统计、概率、悖论等各数学分支。下至数学基础知识、上至数学前沿最新成果他都有所涉及。因此许多大数学家都给予他高度评价。美国数学会也为他在数学传播中的突出贡献而颁发了最高荣誉奖。结集出版的趣味数学科普作品十几本，文字数以百万计，有的被译成法文、德文、俄文、日文等多种外国文字。

中国科普界对这位趣味数学大师非常熟悉。自1981年他的代表作《啊哈！灵机一动》首度在中国亮相，马丁·伽德纳的名字便进入了中国知识界的视野，他高超的写作水平很快为中国读者所认可，随后他的其他作品也被陆续介绍到中国。

马丁·伽德纳的表达方式独特而富于技巧。他往往从人们生活中习以为常的普遍现象入手，用生动活泼诙谐幽默的语言，寥寥数语就把一个深奥数学问题的灵魂抽了出来，与大家把玩。读着他的作品，我们仿佛在欣赏一个熟练的艺人在耍弄他的道具，炉火纯青，令人瞠目。当然马丁·伽德纳不是耍把式艺人，而是因其巨大的精神创造成就为全世界读者所崇敬的科普巨匠。大师之所以是大师，就在于你感觉不出他是大师，只是一个诙谐睿智、偶尔又带几分顽皮的老头儿在与你做游戏。你只感觉到他的作品如潺潺溪水清新欢畅，丝毫没有斧凿之痕，这种感觉当然源自他深刻的思想、高超的智慧和优美的文笔。在他的笔下，我们发现数学不是供奉在庙堂里的冰冷泥像令我们望而却步，也不只是那些戴着深度眼镜、走路撞电线杆上的人才能琢磨的事，原来数学就在我们身边，数学会给我们带来许多快乐和超越自我智慧的成就感。

1981年，67岁的马丁·伽德纳退休了，然而他依然笔耕不辍勤奋创作，并于一年后完成了这本《啊哈！灵机一动》的姊妹篇——《啊哈！原来如此》。本书从逻辑、数、几何、概率、统计、时间等6个方面探讨了悖论的产生过程和解读角度，书中蕴涵着深刻的智慧和哲理。马丁·伽德纳自己非常推崇此书，把它视作自己写得最好的作品之一。我们在翻译过程中亦有同感。但是由于种种原因，这部作品鲜为中国读者所知，现在是首次译介到国内。这里首先应该感谢的是科学出版社本书策划胡升华、郝建华两位同志，是他们慧眼识珠，在茫茫书海中找到了这部作品，并且经过艰苦努力获得了中文版的授权，使这部优秀的趣味数学科普作品能够同我国读者见面。在翻译过程中，我们还得到了中国科学院胡作玄教授、中国机械科学研究院范政文同志的支持和帮助，在此一并表示衷心感谢。

马丁·伽德纳是一个老寿星，虽然94岁高龄，但思维清晰，身体健康。得知《啊哈！原来如此》中文版即将面世，老人十分高兴，通过越洋电话表达了自己欣喜之情。在此，我们愿以此书的出版来祝福马丁·伽德纳先生健康长寿！

李建臣　刘正新

2008年8月18日

前　　言

这些经典悖论耐人寻味，足以让啤酒屋里的傻小子们痴迷忘返。

戴斯迪蒙那

《奥赛罗》第一场第1幕

如果要对本书的内容做一个恰如其分的描述，只需把戴斯迪蒙那这句话稍做修改："经典悖论固然耐人寻味，现代悖论同样妙趣无穷。悖论的魅力就体现在我们茶余饭后苦思顿悟的会心微笑中。""悖论"一词有多种含义，本书中的"悖论"指的是广义的、与一般道理或直觉相矛盾的意思，有时候一种蓦然发现陷入矛盾之中的感觉会不自觉地激起你的惊奇和探求欲。这里提到的"悖论"主要包括以下四类：

1. 有些说法看起来是错误的，其实是正确的。

2. 有些说法看起来是正确的，其实是错误的。

3. 一个推理过程看似无懈可击，却推出了矛盾的结论（这种悖论通常被称为"谬误推理"）。

4. 有些说法无法确定其正误。

数学中的悖论——如自然科学中的悖论，其中蕴涵着深刻的人类智慧的光芒，这种智慧的深刻远不是一个玩笑或一个脑筋急转弯堪与比拟的。例如，古希腊学者无论怎样把刻度尺的标记精确化，也不能准确测量出正方形对角线的长度，这就是一个非常让人困惑的悖论。这种困惑推动人类开启了无理数理论的广阔研究领域。对于19世纪的数学家来说，最不可思议的是一个无限的集合中所有的元素都能和它的某个子集中的某个元素一一对应，而元素不能形成一一对应关系的两个无限集合也有可能是存在的。这些悖论催生了现代集合理论的产生和发展，而现代集合理论的出现反过来又对科学哲学产生了巨大影响。

悖论使我们受益匪浅。面对精彩的魔术表演，我们总是想立刻知道这些奇妙的魔术是怎样变出来的，可是魔术师守口如瓶，从来不会泄漏魔术表演的秘密。但数学家不是这样，数学家会对妙趣无穷的悖论进行详尽的阐明。一直以来，我都在尽最大努力、用最简洁通俗的语言来诠释和解析悖论以及它的矛盾形成原理。如果本书能够激发你继续阅读相关的书籍或文章，那么你将不仅学到大量的科学知识，而且一定会在学习的过程中得到乐趣。在本书的后面还列出了一些比较通俗易懂的相关书籍的目录供你参考。

马丁·伽德纳

1981年11月

目　　录

Club Paradox

❶ 逻辑

关于说真话者、说谎者、鳄鱼以及理发师的悖论

不只是数学，包括很多演绎推理，都必须考虑到逻辑的不可或缺性。我们常常惊异地发现逻辑就是那些充满迷惑性的、看似没有缺陷但却是矛盾的辩论。这种辩论就比如：假定 2 + 2 = 4，然后我们去同样充分地证明出 2 + 2 不等于 4，那么到底是怎么回事呢？是不是致命性的缺陷就隐藏在我们推理思考的过程中呢？

现代逻辑和集合理论的巨大进步就是解答经典悖论案例的直接结果。伯特兰·罗素（Bertrand Russell）历尽艰辛长年研究这些经典案例，然后才和怀特霍德（Alfred North Whitehead）共同完成巨著《数学原理》。此书为现代逻辑和数学奠定了统一基础，是一部里程碑式的作品。

悖论不仅能提出问题，而且能回答问题。这章里面涉及能由悖论解答的问题包括以下几类：

1. 是否存在逻辑上不可能正确预示未来事件的情况？

2. 为什么集合理论能够大多排除包括自身作为元素的集合结构？

3. 当我们谈到一种语言的时候，为什么必须区分我们正在谈论的语言（我们的目标语言）和我们正在用以表达思想的元语言？

所有能解答这些问题的悖论都有证可循，要么是环形推理，要么是自我解释。在逻辑学里，自我解释既可能毁掉一个理论，又可能使理论更丰满，更有趣。问题就在于我们要修正我们的理论，让它保持能让主题更丰满的正确的可能性，而排除引起自我矛盾的可能性。悖论的产生正是检验我们是否给自己的逻辑思想设定了合理界限的基本工具。

不要认为现代逻辑的所有悖论都已被破解了。远远没有！康德（Immanuel Kant）曾做出过一个鲁莽的评述，他说在他那个时代，逻辑已经得到完全的发展，再也不会有任何新的内容可以讨论。现在看来，康德所理解的逻辑只是现代逻辑学的一个很小很初级的部分。还有一些连最伟大的逻辑学家们都有分歧的深刻层面。那些层面里的悖论性问题悬而未决，有待阐明。

说谎者悖论

“所有的科莱特人都是说谎者。”艾普蒙尼迪斯因说了这样的话而出名。可是艾普蒙尼迪斯自己也是科莱特人，那么他这句名言你应该相信还是不应该相信呢？

艾普蒙尼迪斯是公元前 6 世纪古希腊传奇诗人。他就是美国著名作家欧文（W. Irving）写的小说《瑞普·凡·温克尔》（Rip Van Winkle）*中主人公的原形。在这个神奇故事中，他曾一觉睡了 57 年。

我们假定说谎者总是说谎，而诚实的人总是说真话。那么，艾普蒙尼迪斯说“所有科莱特人都是说谎者”从逻辑上来看便是自相矛盾的。假设艾普蒙尼迪斯是个诚实人，那么他的名言便理所应当是正确的，可他自己也是科莱特人，所以也一定是说谎者；假设艾普蒙尼迪斯是个说谎者，那么他的名言便是错的，即科莱特人不是说谎者，所以他也不是说谎者。总之，无论怎么推理你都逃不出悖论的怪圈。

古希腊人常常对一些文字叙述很完美、形式上看不出什么破绽而实际上总是自相矛盾的问题感到迷惑不已。禁欲主义哲学家克里斯普斯曾写过 6 篇著述，试图对说谎者悖论的现象进行解释，

---

* 美国小说家及历史家华盛顿·欧文（Washington Irving，1783—1859）的名篇。欧文被誉为“美国小说之父”。——译者注

但没有一篇存世。古希腊时期克斯诗人菲勒特斯，他瘦骨嶙峋、弱不禁风，据说曾在鞋里放一块铅，以免自己一不留神被大风吹走了。他担忧自己因此悖论而未老先衰。在《新约全书》中，圣•保罗在给提多的书信中再次重复了这个悖论：

科里特人中的一个本地先知说，科里特人常说谎话，乃是恶兽，又馋又懒。

这个见证是真的……

《提多书》1：12-13

我们不知道圣•保罗在说这些话的时候是否意识到他的话本身就是个悖论。

“说谎者悖论”是一个非常有趣的现象，其最简单的形式是：“这句话是错误的。”你说它是对的吗？如果是，它就是错的；你说它是错的吗？如果是，它就是对的。像这样的矛盾怪圈实际上大量存在，比我们想到的要多得多。

这种悖论的特点是语言描述的内容即是自身。为什么这种形式会使悖论这样简洁明了？因为它剔除了所有冗言赘句，不论你从说谎者的角度还是从诚实人的角度开始推理，结果都是一样的。

当然这类悖论还有很多变形。伯特兰•罗素曾一本正经地说哲学家乔治•爱德华•摩尔有生以来只说过一次谎话。就是当有人求证于摩尔是不是总说真话时，摩尔想了一下说：“不是。”

许多故事因为有“说谎者悖论”而变得妙趣横生。我最喜欢的是邓萨尼勋爵撰写的《信誓旦旦》。这个故事收在邓萨尼勋爵（Lord Dunsany）的选集《亥维赛层鬼怪幻想录》（*The Ghost of the Heaviside Layer and Other Fantasies*）中，这个选集并不很有名。在这个故事中，邓萨尼遇到了一个号称永远说实话的人。故事是这样的：

一天，这个人在一个聚会上遇到了撒旦，两人做了一笔交易。撒旦让这个球技最差的家伙今后在俱乐部中打球总能一杆进洞。久而久之，人人都怀疑此人有诈，便把他从俱乐部赶了出去。故事的结尾邓萨尼问这个人：“撒旦得到了什么好处？”这个人说：“他敲诈了我，夺走了我永远说实话的能力。”

圆形小徽章和涂鸦

注意这个一度流行的小徽章，上面写着“禁示小徽章”。

或者在大街上乱写“此处禁止涂鸦”。

为什么这些叙述存在矛盾？因为每一个叙述都违反了它所提倡的行为。这样的例子还有很多。比如汽车保险杆上的不干胶标签上面写着：“消除不干胶标签”；一个提醒标志上写着“不要阅读此标志”；一位学者声称他要娶的老婆必须聪明到不肯嫁给他；戈洛克·马克斯说他拒绝加入任何请他加入的俱乐部；一个口香糖标签上写着“如果此标签在搬运中掉落，请通知我们。”

与说谎者悖论相似的自相矛盾的叙述还有许多，如“对所有的知识都不要相信”，再如乔治·肖伯纳所说的“唯一的黄金法则便是没有黄金法则”。

有一个年轻的克鲁女郎

她写的打油诗只有两行。

这首佚名的打油诗实际上并不悖谬，但我们隐约感觉到该诗可事修改：

有一个年轻的沃顿男人

接下来怎么写才能形成悖论？你脑海里是否已经跳出来“他写的打油诗只有一行”？或者写成“他写的打油诗不足五行”更奇妙？

以幽默的文笔可以写出漂亮的文章，但不留神也容易写出悖论。下面罗列的是《星期日泰晤士报》编辑哈罗德·伊万斯提出的十条规则。

不要使用三重否定。

让每个代词和所指代的事物相一致。

注意独立结构中分词的使用。

不需要用逗号时不要用逗号。

动词要和主语一致。

注重句子的意群。

不要将不定式分开。

正确使用撇号很重要。

总是要回头检查是否有漏写的字。

正确拼写很关键。

1970 年 4 月 24 日美国合众国际社（UPI）有一篇报道，说俄勒冈的政坛候选人可以在选票上写上 12 个英文单词的竞选口号。来自俄勒冈州尤金市（Eugene）的民主党议员候选人弗兰克·哈奇的竞选口号是这么写的：“用 12 词口号来思考的人不应该出现在这张选票上。”*

1909年，英国著名的经济学家阿尔弗雷德·马歇尔曾写道：“任何关于经济学的短语肯定都是错的。”

康涅狄格州（Connecticut）新迦南镇（New Canaan）的特雷巴·约翰逊给我讲了这样一个故事。有一天，她和年幼的孙子一起做拉叉骨游戏**。孙子赢了之后问祖母刚才希望赢得什么。祖母说希望孙子能赢。那么游戏结果是否表明遂了祖母的心愿？可如果祖母拿到了叉骨的大头，祖母是否赢了呢？

如果作为至高无上的权威的教皇说：“无论过去、现在、还是将来，教皇所说的都不是完全正确的。”我们该怎么理解？

一本杂志上有这样一则广告：“你想学会怎样阅读吗？通过写信学得最快。请按下面的地址给我们写信。”

即使不是悖论，有时自我诠释也蛮有意思。在保罗·R.哈默斯的《有限维向量空间》的索引中就有这样一条：“Hochschild，G.P.，198。”而“Hochschild”这个词在整本书中都很难找，只是在第198页这条索引中才有这个词。

雷蒙德·斯姆利安把自己撰写的一本关于逻辑谜题的书命名为“此书叫什么名”。两年后他又写了第二本书。有感于生活中的悖论随处可见，他不无戏谑地将书命名为“此书无须命名”。

《科学美国人》杂志1981年1月号上刊载过道格拉斯·霍夫斯达特的专栏，其中有一篇关于自我引用的文章，其中举出许多新案例，有兴趣的读者不妨一阅。

---

* 这句话的英文是：“Anyone who thinks in 12-word slogans should not be on this ballot.”恰好是12个词。——译者注

** 拉叉骨：又称如愿骨，一种游戏。吃家禽时两人将家禽的颈与胸之间的V形骨拉开，得大块骨者可许愿。——译者注

句子及其反义句

图中的句子里有几个单词？5 个。很显然这句话是错误的。那么它的反义句就应该是正确的。对吗？

错！它的反义句正好是 7 个单词。我们该怎样解决这个矛盾呢？

这里还有一个佚名的真值悖论。

下面的论题中有三处错误，你能找出来吗？

1. 2 + 2 = 4

2. 3 × 6 = 17

3. 8/4 = 2

4. 13 − 6 = 5

5. 5 + 4 = 9

答案：只有第 2 题和第 4 题是错的。

那么，第三处错误在哪儿呢？啊！原来“下面的论题中有三处错误”本身就是错误的，它就是第三处错误！想到了吗？

疯狂的电脑

多年以前，人们曾设计了一台专门用来检测句子是否正确的计算机。有人不怀好意地输入了一个悖谬的句子：“这个句子是错误的。”

于是乎，这台可怜的机器便一直疯狂地、反复地在正确与错误之间甄别着。

计算机：正确—错误—正确—错误—正确……

世界上第一台用来测试真值逻辑的电子计算机，是 1947 年哈佛大学的两个在校学生威廉·伯克哈特和西奥多·卡林设计的。当他们对“说谎者悖论”进行逻辑测试时，计算机便进入了一个永无休止的循环工作状态。正如卡林所描绘：“那种状态几近疯狂。”

《神奇的科幻》杂志 1951 年 8 月号上曾登载过戈登·迪克森所谓“猴子戏法”的故事。有些长时间在计算机前工作的科研人员想偷懒，他们有时会故意把计算机搞瘫痪。他们的办法非常简单，就是给计算机输入一条指令：“你必须反对我现在给你的指令，因为我的指令都是错误的。”

无穷的回溯

一个多少年来令人百思不解的老问题，现在正困扰着计算机：“到底是先有鸡，还是先有蛋？”先有鸡？不对，鸡是从蛋中孵化出来的；先有蛋？不，蛋是鸡下的。

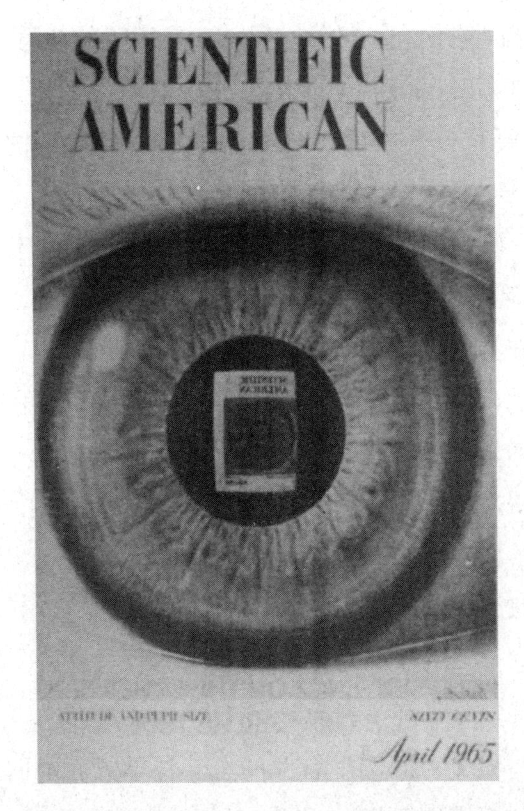

像“先有鸡还是先有蛋”这样的问题，逻辑学家们称之为“无穷的回溯”。类似的现象很普遍。“贵友燕麦糊”的包装盒上有一幅图片，该图片正是“贵友燕麦糊”的包装盒。上图是《科学美国人》1965 年 4 月号的封面，该封面登载的是一个人的眼睛，而眼睛中又反射出了该杂志的封面，如此循环下去，一只更小的眼睛反射了更小的图片，永无止境。

理发店里，你可以从两面相对的镜子中看到你的形象被无限循环地反射下去。

作家们在文学作品中也经常设计出“无穷回溯”的情节。阿尔德斯·胡克利的小说《点对点》的主人公菲利普·卡尔斯就是一个小说家，这个小说家在自己作品中描写一个小说家，而其作品中的小说家又在自己的作品中描写一个小说家……类似的例子还有安德·盖德的小说《伪造者》，E.E.库明的戏剧《他》。诺尔曼·梅勒的短篇小说集《笔记本》中也有一个故事，就是写一个年轻的作家要写一个故事，与梅勒的小说讲的是同一个故事的故事。

乔纳森·斯威特曾写过一首有关“跳蚤重复循环”内容的诗，数学家奥格斯特·迪·摩根对它做了改写：

小跳蚤爬在大跳蚤的后背上，
咬噬着大跳蚤；
而更小的跳蚤爬在小跳蚤的后背上，
咬噬着小跳蚤。
而大跳蚤呢？
正在寻找更大的跳蚤，
希望找到自己的咬噬对象。
跳蚤们就这样循环不断地进行着。

有两个与“无穷回溯”有关的自然科学方面的问题，可能永远都无法得到圆满的解答。“我们已知的宇宙是宇宙的全部？还是它只是我们未知宇宙的一个部分？”第二个问题正好相反。“电子是终极的最小粒子，还是有更小的微粒结构？”现在物理学家们认为很多微粒是由夸克组成的。那么夸克是不是由更小的微粒所组成的？有些物理学家认为向宏观、微观两极的探求都将是永无止境的，整个宇宙环环相套，就像中国盒子那样形成的巨大网状系统，既没有最大的方格，也没有最小的方格，正如没有最小的分数，也没有最大的正整数。

柏拉图—苏格拉底悖论

让我们回想一下前面的例子。科莱特人谈科莱特人；一个句子描述自身；一个描述自己的小徽章。所有这些陈述似乎都在谈论自身。那么悖论的出现是由自我诠释造成的么？

不，甚至连古希腊人也知道即使排除自我诠释，也不能消除悖论。看看下面的对话：

柏拉图：苏格拉底的下句话是错误的。

苏格拉底：柏拉图说得对。

逻辑学家将柏拉图—苏格拉底悖论简化为左图中的句子。不论你假定哪个句子是真的，另一个句子都会与之矛盾。两个句子都不是自我诠释，但作为一个整体，同样构成了说谎者悖论。

中世纪逻辑学家们所津津乐道的“说谎者悖论”的模式非常重要，因为它揭示了真值悖论模式形成的复杂性，远比自我诠释深奥复杂得多。如果句子 A 是正确的，那么句子 B 就是错误的；而如果 B 是错误的，那么 A 一定是错误的。但是，如果 A 是错误的，那么 B 是正确的；而如果 B 是正确的，那么 A 一定是正确的。

现在让我们重新回顾整个推理过程，每个句子就像盖大楼的砌石，一块石头依赖一块石头支撑起大楼。每个句子都不是自我描述，而是作为一个整体，互相关联，彼此改变着真假性，因此我们不能简单地判断谁真谁假。

如果有兴趣，你可以把下面这张悖论卡片展示给你的朋友。这张卡片是由英国数学家 P.E.B.乔顿设计出来的。

在卡片的正面写着：

卡片另一面上的句子是正确的。

而卡片的反面上则写着：

卡片另一面上的句子是错误的。

很多人拿着这张卡片反复看了好几遍，才恍然意识到自己被困在了无穷无尽的“循环往复”的把戏中。因为卡片上句子的真假性永远在交替变换着。

艾丽丝和瑞德国王

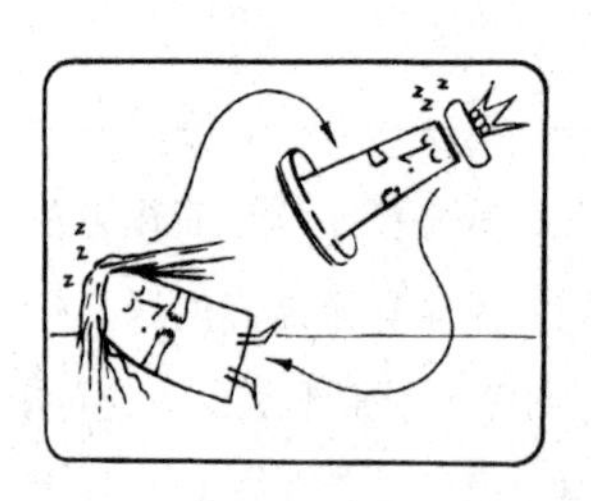

柏拉图—苏格拉底悖论展示了一个在两点之间无限循环的过程，就像《透过魔镜》中的艾丽丝和瑞德国王。

艾丽丝：我正在做梦，梦到了瑞德国王。但他也在梦乡，而且他正在梦见我梦到他呢。天啊，这样循环下去还有完么！

艾丽丝梦遇瑞德国王这一幕出现于《透过魔镜》第 4 章。国王正在睡觉，威德莱迪告诉艾丽丝，说国王正在做梦并且梦到了她。而且，如果不是国王梦到她，她根本就不会存在。

“如果国王醒了，”威德莱迪继续说，“你就会立即消失掉——噗！——就像燃烧的蜡烛被吹灭一样。”

但是，这个故事发生在艾丽丝的梦里。那么到底是她存在于国王的梦中，还是国王存在于她的梦中？究竟哪一个是现实，哪一个是梦？

双匣梦引出了更为深层次的哲学层面上的关于存在的问题。“如果不当作开玩笑，”伯特兰·罗素说，“我们会觉得这是很可怕的一件事。”

无穷尽的“先有蛋还是先有鸡”的问题是一种时间上的悖论，而艾丽丝和瑞德国王的循环往复则形成了空间上的环套。

马瑞斯·埃斯嘉的素描《画手》形象地展示了这种环形悖论的意蕴。

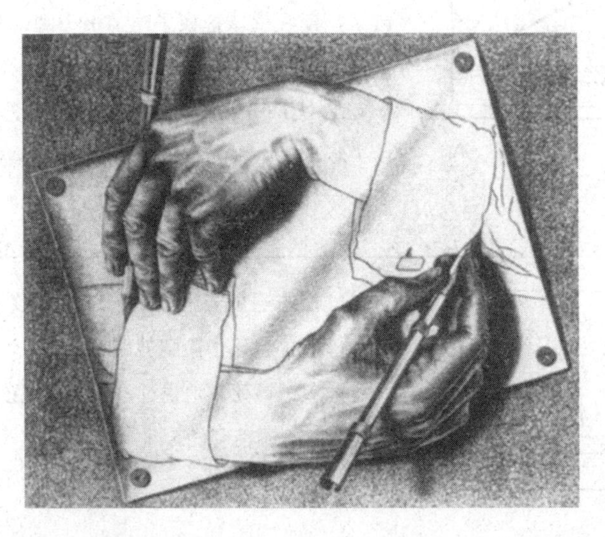

道格拉斯·豪斯达特在他的著作《哥德尔、艾舍尔、巴赫——集异璧之大成》(*Godel*, *Escher*, *Bach: An Eternal Golden Braid*)*中，把这种环形悖论称为“怪环”。大量与自然科学、数学、艺术、文学以及哲学相关的“怪环”出现在他的书中。

---

* 科学普及名著。它以巧妙笔法深入浅出地介绍了数理逻辑、可计算理论、人工智能等学科领域中的许多艰深理论。——译者注

鳄鱼和婴儿

希腊哲学家经常提到一只鳄鱼从一位母亲手中夺走孩子的故事。

鳄鱼：我会不会吃你的孩子啊？你如果回答得正确，我就把孩子毫发无损地还给你。

母亲：啊，你会吃掉我的孩子。

鳄鱼：恩，这可有点麻烦了，我该怎么做呢？如果我把孩子还给你，那你就说错了；既然你说错了，那我就该把孩子吃掉……嗯，我不能把孩子还给你。

母亲：但是你必须把孩子还给我。如果你把孩子吃掉，那就证明我回答正确；既然回答正确，你就要履行诺言把孩子还给我。

可怜的鳄鱼苦思良久，还是把孩子还给了母亲。母亲拉起孩子撒腿就跑。

鳄鱼：该死！她说过，只要我把孩子还给她，我就会有一顿美餐的。

鳄鱼遇到了一个大难题，他既要把孩子吃掉，同时又要毫发无损地把孩子还给他母亲。

这位母亲显然非常聪明。假设与此相反，她说“你会把孩子还给我。”那么，不论鳄鱼吃掉小孩还是把孩子还给母亲，鳄鱼都不会陷入悖论。如果鳄鱼把孩子还给母亲，那么母亲回答正确，鳄鱼也信守了诺言。但是相反，如果鳄鱼再恶毒些，他就会吃掉小孩。因为这使得母亲的回答错误，鳄鱼也可以理直气壮地吃掉孩子了。

堂·吉诃德悖论

小说《堂·吉诃德》讲述的是一个小岛上制定了奇怪的法律的故事。宪兵对每一个来访者都要问问题。

宪兵：你为什么来这儿？

如果来访者回答正确就没什么事了。如果回答错误就将被送上绞架。

一天，一个来访者是这样回答的：

来访者：我来这里是为了被绞死的！

对这个回答，宪兵和前面的鳄鱼一样感到为难了。如果他们不想绞死这个人，那么这个人就说了错话，又该被绞死；如果他们绞死了他，那么这个人的回答就是正确的，就该平安无事。

这个难题怎么解决呢？来访者被带到了这个小岛的最高首领那里。最高首领苦思冥想，最后做出了决定：

最高首领：不管我做出什么样的决定，毫无疑问都不符合这里的法律。所以我慈悲为怀，还是让这个人尽快离开这里吧！

这个“绞刑”悖论出现在《堂·吉诃德》第二部第51章。堂·吉诃德的仆人桑丘·庞泽后来成为一个小岛的统治者。他坚决维护这个小岛上有关来访者问题的奇怪法律。但当这个棘手的来访者被带到他面前时，他却做出了放他走的仁慈而理智的决定。

与鳄鱼悖论相类似，这个悖论是来访者含糊的说辞令小岛的统治者左右为难。来访者的说辞到底针对统治者的意图，还是对未来事件的预测？如果是第一种情况，他很清楚因他回答正确使统治者不能绞死他，且也不矛盾。但如果是第二种情况，不论统治者怎么做都会违背法律。

理发师悖论

著名的理发师悖论是伯特兰·罗素提出来的。如果一个理发师在他的窗子上写下左图所示的话，那么谁给这个理发师理发呢？

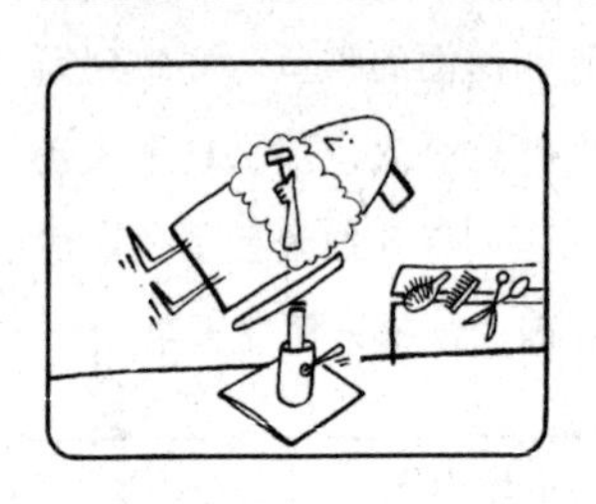

如果这个理发师给自己理发，那么他属于给自己理发的那一类人。但是他已经标明了他从不给那些给自己理发的人理发。因此他不能给自己理发。

如果有人来给这个理发师理发，那么这个理发师就属于不给自己理发的那一类人，但是理发师说了他给所有不给自己理发的人理发，因此这个理发师也不能让别人来给自己理发。看起来这个理发师的头发由谁来理成了大问题！

伯特兰·罗素提出的这个理发师悖论阐明的是一个关于集合的悖论。某些元素构成集合，而这个集合又恰恰是自身的一部分。例如，所有非苹果的事物组成的集合不可能是一个苹果，因此它必须是它自身的一部分，那么它是自身的子集吗？不论你怎么回答，肯定都会自相矛盾。

逻辑学理论发展史上有些转折点很有戏剧性，上述悖论就是其中最有代表性的一个。哥特罗·弗勒戈——德国杰出的逻辑学家，曾在他的扛鼎之作《算术基础》的第二卷中认为，他已拓展了足以支撑整个数学基础的集合理论。1902 年，这部著作还在印刷厂印刷的时候，卢梭来信告诉了他这个悖论。弗勒戈在他的集合理论中论证了所有并不包括自身的集合的集合的形成。罗素的信清楚地显示：这个集合显然是自相矛盾的。弗勒戈只好在附录中插入这样一条："一位科学家再痛心不过的是，当他的作品交付印刷时，作品的基础构架崩溃了。我在这里特附加伯特兰·罗素先生的来信。"

据说，弗勒戈使用的"痛心"一词成为数学史上最保守的表达了。

我们在后面将探讨更多这类悖论和提出各种各样的消除悖论的方法。要解决的一个难题就是这个叙述——所有不包括自身的集合的集合——并不是在命名一个集合。更彻底、更激进的解决方案就是坚持集合理论并不包括那些不包含自身的集合。

算命先生、机器人和索引目录

一个算命先生给所有那些不给自己算命的算命先生算命。那么谁给这个算命先生算命呢？

一个机器人给所有那些不给自己做修理的机器人做修理。那么谁给这个机器人做修理？

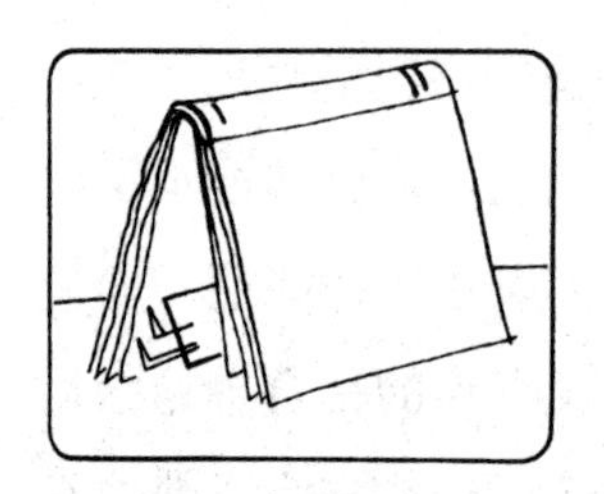

一个目录收录所有的不收录本身内容的目录。那么哪个目录来收录这个目录呢？

这些都是罗素的“理发师悖论”的衍化形式。在每个例子中，预设的集合 S 中包含那些彼此并不包含、与自身并无某种特定关系 R 的元素。如果有人问 S 是否包括自身，悖论自然就成立了。下面是三个经典的同类例子。

1.“格勒林悖论”是以此悖论的发现者德国数学家科特·格勒林来命名的。我们把形容词分为两类：自我形容类和非自我形容类。像“多音节的英语短词”属于前者；而“单音节的德语长词”属于后者。现在问:“非自我形容的”这个词是属于前者还是后者？

2.“贝瑞悖论”得名于它的提出者 G.G.贝瑞，一个曾经和罗素讨论过此悖论的牛津大学图书馆研究员。这个悖论说的是“一个不可能用少于 13 个英文单词来陈述的最小整数”，然而此句话（the smallest integer that cannot be expressed in less than thirteen words）却只有 12 个英文单词。那么对这个整数的描述到底应该属于哪个集合：属于“用少于 13 个英文单词来陈述的整数”这个集合，还是属于“用多于（或等于）13 个英文单词来陈述的整数”这个集合？任何一个回答都会导致矛盾的结果。

3.哲学家马克斯·布拉克用更为通俗的方式把贝瑞悖论表述为:“这本书中提到过很多整数。尽量找出没有用以任何方式指出它是最小整数的最小整数。”那么，到底有没有这样的整数呢？

有趣与乏味

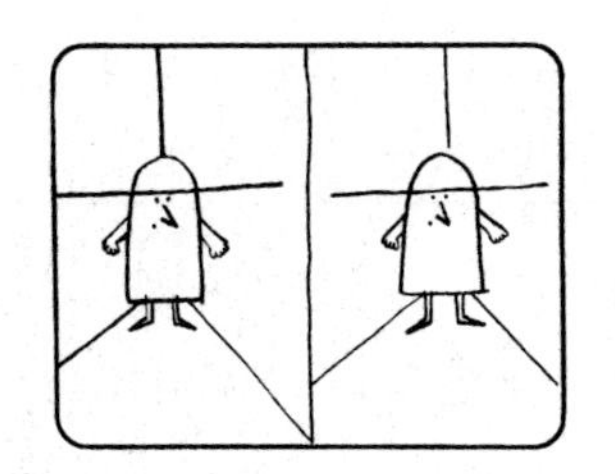

有些人很有趣，而有些人却很令人感到乏味。

橄榄球运动员：我是全美橄榄球明星。

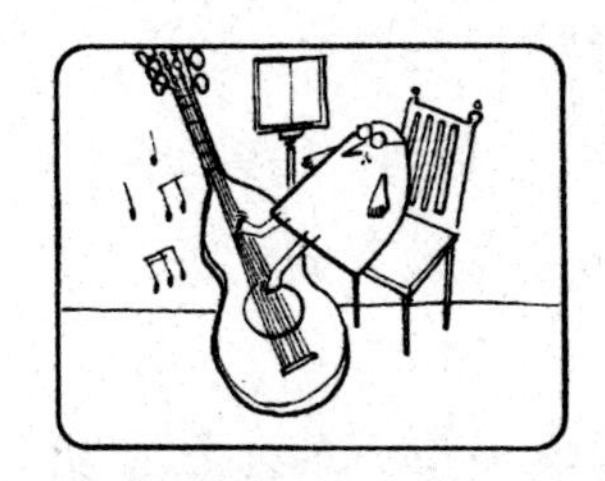

音乐家：我可以用脚趾头弹吉他。

乏味的人：我什么都干不了。

这儿有两份名单，一张上面全部是有趣的人，另一张上面全部是令人乏味的人。在乏味者的名单上肯定有一个人是世界上最乏味的。

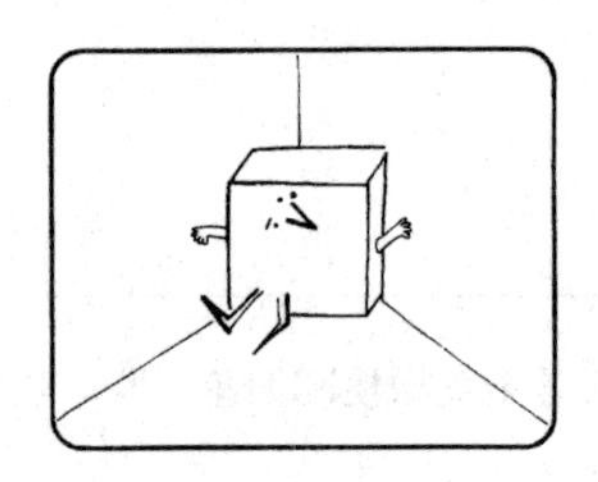

但光这一点就足以引起人们浓厚的兴趣，因此我们不得不把他从乏味者的名单中转到有趣者的名单上。

乏味者：谢谢！

这样一来，乏味者的名单中又出现了另一个世界上最令人乏味的人，这个人又引起了人们的兴趣，所以必须同样被转到另一份名单上去。这样下去，是否每个令人乏味的人都将让人感兴趣？

此“乏味悖论”是“每个正整数都是有趣的”这个论证的一个变形。发明者爱丁·F.柏恩布曾在《美国数学月刊》（1945 年 4 月总第 52 期第 211 页）上发表了题为“有趣的整数”的文章。文章讲到了这个悖论。

那么，这个论证过程究竟是合理还是不合理呢？把第二个乏味者移到另一边时，会使得第一个被移入者变得再次乏味还是继续有趣？这样处理，我们是否能得出这样的结论：每个人都是有趣的，因为在某种意义上，每个人都是乏味群体中最乏味的人，正如每个整数都是某个特殊集合中的最小整数？如果所有的人（或整数）都是有趣的，那么“有趣”这个词还有什么意义呢？

语义学和集合论

真值悖论被称为语义悖论，而与群体有关的悖论被称为集合悖论。这两类悖论密切相关。

语义悖论和集合悖论之所以相似，是由于每个真值陈述都可以改换成用集合的方式来重新描述，反之亦然。例如："所有的苹果都是红的" 意味着 "所有的苹果" 这个集合是 "所有的红色事物" 集合的子集。这个例子也可以用语义陈述即用真值语言来表达："如果 X 是苹果是正确的，那么 X 是红色的是正确的。"

想一想说谎者悖论的说法："这句话是错误的。" 它用集合论可以表达为："这个判断是所有错误判断集合中的一个元素。" 如果这句话确实属于 "所有错误判断" 集合，那么它就说对了，因此它又不能成为 "所有错误判断" 集合中的一个元素。如果这句话不是 "所有错误判断" 集合中的一个元素，那么它就说错了，因此它又必然是 "所有错误判断" 集合中的一个元素。每个语义悖论都有一个与之相应的集合悖论，每个集合悖论都有一个与之相应的语义悖论。

元语言

语义悖论问题可以通过元语言来解决。像 "苹果是红的"、"苹果是蓝的" 这类描述事物使用的都是 "客体描述性语言"（目标语）。而真值陈述则必须用元语言来表述。

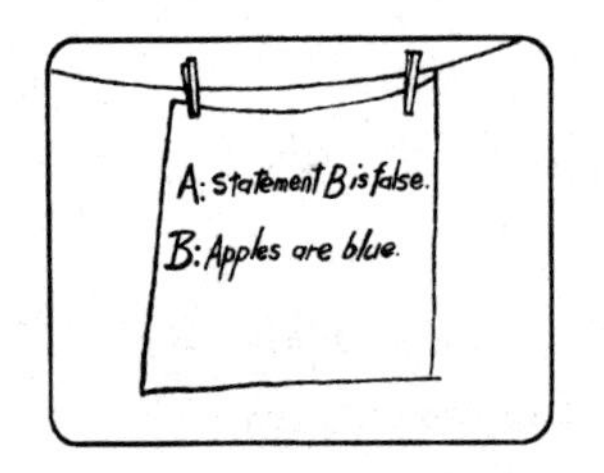

在这个例子中并没有悖论。因为假设句子 A 使用的是元语言，讨论的内容是真值陈述句子 B，而句子 B 使用的是客体描述性语言。

那么我们怎么用元语言来表述真值陈述呢？我们必须进入更高一层的元语言。每个层次都是下一层次的元语言，同时又是它上一层的客体描述性语言。

“元语言”这个概念是波兰数学家阿尔弗雷德·塔斯基提出的。处于阶梯最底端的是客体性描述，比如“火星有两个卫星”。像正确、错误这类词语不会出现在这类语言中。要判断句子的真伪，就必须引入元语言，即使用更高一阶层的语言。元语言不仅包括了一切客体描述性语言，而且其内涵更加丰富，因为所有用客体描述性语言表达出来的对事物的判断都被它囊括其中。这里我们引用一下塔斯基最喜欢提及的例子：“雪是白的”是一个用客体描述性语言来表达的句子。但“‘雪是白的’是正确的”则是用元语言来表述的句子。

我们能判断出用元语言来表达的句子的真伪吗？能，但必须上升到第三个层次，即使用更高一层次的元语言。相对于它下面任何一个层次，它都是元语言。

除了最底层之外，每一层相对于它的下面都是元语言，同时每一层相对于它的上面都是客体描述性语言。这种阶梯式的层次是可以向上无限延伸的。

下面我们举个例子，比如只有四个层次：

A. 三角形的三个内角之和是 180 度。

B. 句子 A 是正确的。

C. 句子 B 是正确的。

D. 句子 C 是正确的。

A 层的语言是对一个几何定理的简单陈述。B 层的语言是用元语言对这个几何定理的正确性做出的判断。C 层的元语言实际上是一套完整的理论证明。幸运的是，数学家们解决问题根本不用上升到 C 层以外的层次。

这种向上延伸的阶梯，其理论极限状况如何？路易斯·凯罗对此产生了极大兴趣，并撰写文章《乌龟究竟对阿喀琉斯说了什么》对这个问题进行了深入探讨。约翰·菲舍的《路易斯·凯罗的魅力》一书和道格拉斯·豪斯达迪特的《哥德尔、艾舍尔、巴赫——集异璧之大成》中都收录了这篇文章。

类型论

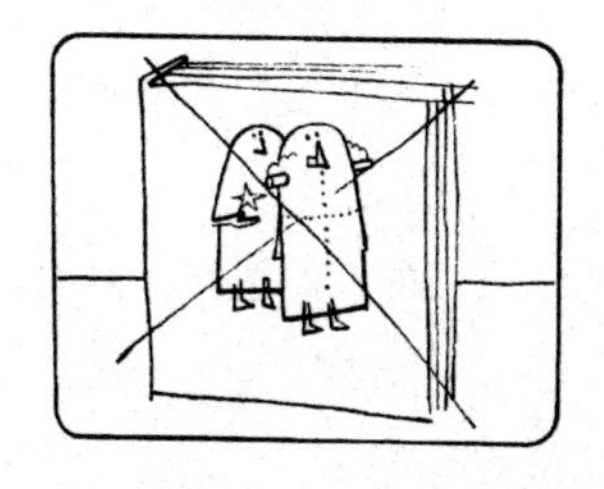

集合悖论不适用于无限开放式系统。一个集合不能是它自身的一个成员，也不能是它任何子集的成员。理发师、宇航员、机器人和索引目录都属此类。

实际上，集合理论与塔斯基的语义分析性语言阶梯论有某种相似性，伯特兰·罗素最早把这种相似性称为“类型论”。抛开学术性不论，这个理论将集合按类型的层次来安排，这样，就不能说集合是自身的一个元素，也不能说不是自身的一个元素，那些潜在的矛盾的集合就被排除了。如果不从类型论来讨论，定义那样的集合就是无意义的。这和语义学主张相类似，像说谎者悖论的这样句子“并不是一个句子”，因为它违反了合理句子的形成原理。

伯特兰·罗素一生中很多时间都在研究类型论。在他的著作《我的哲学发展》中这样写道：

当《数学原理》完成后，我静下心来着手解决悖论问题。我觉得它是对我个人的一个挑战，一旦可能，我会用我余生所有的时间来找出解决方案。但是有两方面的原因让我觉得极度不愉快。首先，整个问题对我来说过于琐碎……其次，虽然我已尽努力，但还是没有进展。1903～1904 年，我的所有工作便是全力解决此问题，但并没有成功。

斯瓦密的预言

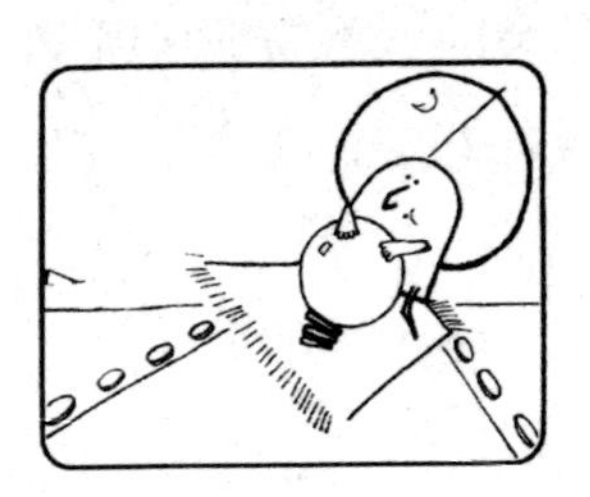

斯瓦密能透过水晶球看到未来吗？对未来的预言将会导致另一种新奇的逻辑悖论的产生。

一天，斯瓦密与他的十多岁的女儿苏小姐争论起来。

苏小姐：你是一个说大话的人，爸爸，你不可能预见未来。

斯瓦密：我肯定能预见未来。

苏小姐：不，你不能。我能证明这一点。

苏小姐在一张纸上写了几个字，然后把纸折起来，压在了水晶球下。

苏小姐：我在纸上写了一件事情，这件事情可能在 3:00 之前发生，当然也可能不发生。如果你能说准这件事到底会不会发生，你答应送我的作为毕业礼物的汽车就不用买了。

苏小姐：这还有一张白纸。如果你认为这个事件能发生，你就在上面写“是”；如果你认为不能发生你就写“不”。如果你写错了，你必须现在就给我买一辆车，怎么样？

斯瓦密：没问题！就按你的意见办。

于是斯瓦密在纸上写了字。3: 00 到了，苏小姐从水晶球下拿出了纸条大声读道：“3: 00 之前你会在纸上写个‘不’字。”

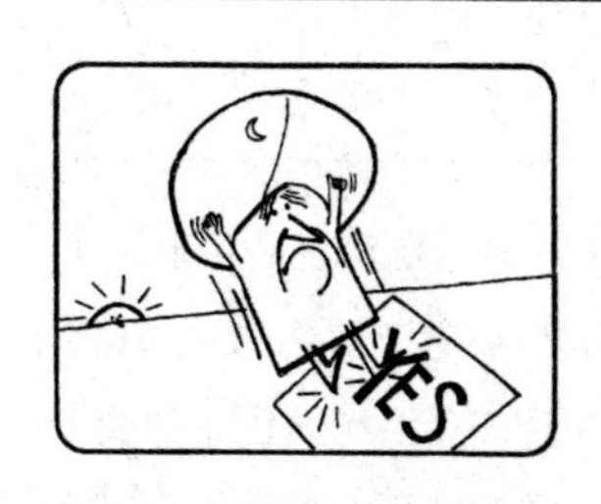

斯瓦密：你这是在捉弄我。我写了“是”，所以我错了。但如果我写“不”，我还是错的。我根本不可能是对的。

苏小姐：甭说啦！我想要一辆跑车，最好是红色的，后座要大一点的。

此悖论的原型是一台只能回答“是”或“不是”的计算机。对输入的信息只做“是”或“不是”的判断，是程序设计人员有意为之的。很显然，从逻辑上讲，这种预测是不可能正确的。这个悖论还可以更简化些，比如你跟某人说：你说的下一句是“不是”吗？请他用“是”或“不是”来回答。

这个悖论和说谎者悖论是否道理相同呢？当他回答“不是”时，他到底是什么意思呢？很明显，他的意思是“我现在说的‘是错的’是错的。”这同“这句话是错的”是一个意思。因此，斯瓦密悖论只是一个简装版的说谎者悖论。

请注意，只有说“此句正确”才不会导致悖论，也不会产生任何问题。“你要说的下一个词是‘是’吗？”这时候回答“是”或“不是”都不会出现矛盾。在说谎者悖论的鳄鱼例子中，如果母亲说“你会把孩子还给我”，那么鳄鱼不管是吃掉孩子还是把孩子还给母亲都可以理直气壮，不会有任何为难之处。

没有料到的老虎

公主：你是国王，爸爸。我可以嫁给迈克吗？

国王：啊，当然可以，我的宝贝女儿。不过有个条件。这里有 5 扇门，其中一扇门后面有一只老虎。迈克必须要把这只老虎杀掉才能娶你。他必须从 1 号门开始依次开启每一道门。他只有开完每一道门才可能知道老虎藏在哪儿。这是一只不可预料的老虎。

迈克在门前观察了一遍，自言自语起来。

迈克：如果我打开前 4 道门都是空的，那么就可以肯定老虎在第 5 道门里。可是国王说我不可能预先知道老虎在哪里。可见，老虎肯定不在第 5 号门里。

迈克：第 5 号门排除了，老虎肯定在其他 4 道门里。如果我打开前 3 道门都是空的呢？那么老虎就肯定在第 4 号门里。但是老虎在哪里是不可能预料的啊，所以第 4 号门也排除了。

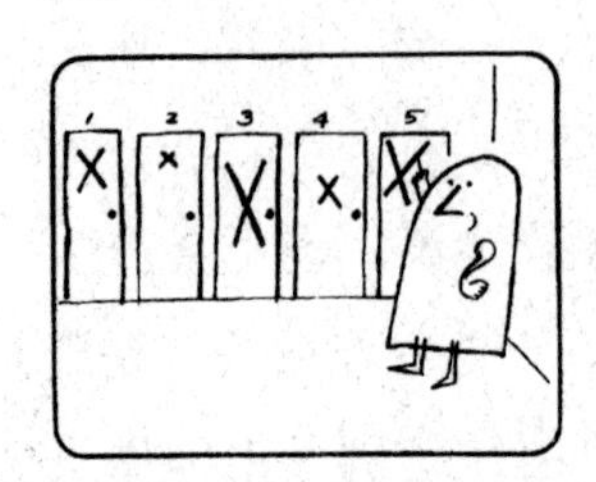

根据同样道理，迈克推断老虎也不会在 3 号门、2 号门和 1 号门里。迈克喜出望外。

迈克：每个门后面都不会有老虎。如果有老虎存在，那么国王承诺的“老虎在哪儿是不可预料的”就不对了，而国王是信守诺言的人。

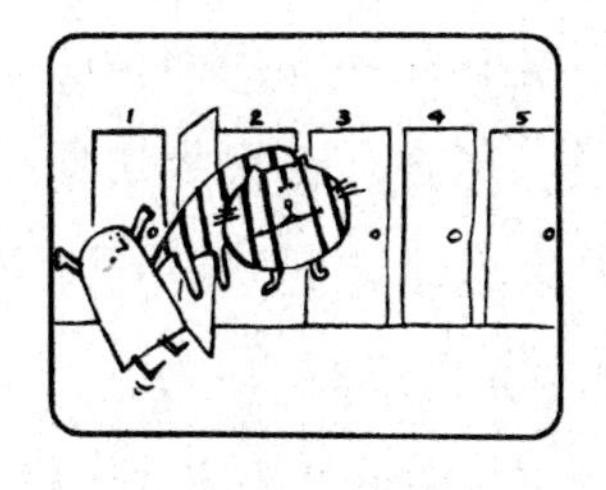

推断出了老虎不会存在，迈克便大胆地去开门。但是令他大吃一惊的是，老虎从第 2 号门里冲了出来！他完全没有料到！国王说他信守了诺言。那么迈克的推理错在哪儿了？许多逻辑学家直到今天也没搞明白。

“不可预料的老虎”悖论还有许多其他的叙述形式。类似形式的悖论最初出现在 20 世纪 40 年代初，一位教授向学生宣布下周的某一天要考试，考试的具体日期不可预知。他确信学生们谁也预测不出究竟哪一天考试。一个学生推断考试日期肯定不是下周的最后一天，也不会是倒数第二天，也不可能是倒数第三天，如此推下来，下周根本就不可能考试。然而教授信守诺言，把考试安排在了第三天。

1953 年哈佛大学哲学家 W.V.奎因写过一篇与此悖论类似的论文。他的表述形式是一个狱吏为一个囚犯执行绞刑的事，执行日期同样不可预知。在我已出版的书《难猜的绞刑日期及相关的数学问题》的第一章中，我列了一个有 23 种参考资料的书目，有兴趣的朋友可以就此问题深入探讨。

大多数人认为迈克的第一步推理是正确的，即老虎不在最后一扇门内。但是一旦此推断成立，随后的推断便依次成立了。因为既然老虎可以不在最后一扇门里，当然也就有同样的理由不在其他门内了。

但是，迈克的第一步推理就是错的！假定他打开了前 4 扇门，他就能断定最后一扇门内没有老虎？肯定不能。因为如果他这样推断，他就可能在打开第 5 扇门时，出乎意料地发现那只老虎。事实上，即使只有一扇门，整个悖论仍然存在。

假设史密斯先生是一个说真话的人，你对他的话从来都深信不疑。他拿着一个盒子对你说：“打开看看，里面有一个你想象不到的蛋。”你如何推测盒子里面到底有没有蛋呢？如果史密斯说的是真话，盒子里面确实有蛋。但如果你猜到了有蛋，那么史密斯就错了。另一方面，如果这样推理让你认为里面没有蛋，但打开却发现一个没有预料到的蛋，史密斯又说对了。

逻辑学家们一致认为即使国王信守诺言，迈克也不可能知道老虎在哪儿。因此，他不可能做出关于哪个房间里有没有老虎的推论，即使是最后一扇门。

纽康门悖论

一天，一个名叫欧米嘎的太空超人来到了地球。

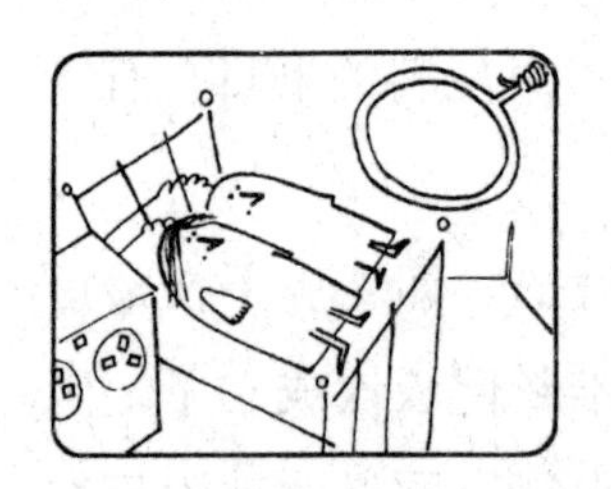

欧米嘎带来了研究人脑的先进设备。他能够准确地预测出任何人进行二选一时是如何选择的。

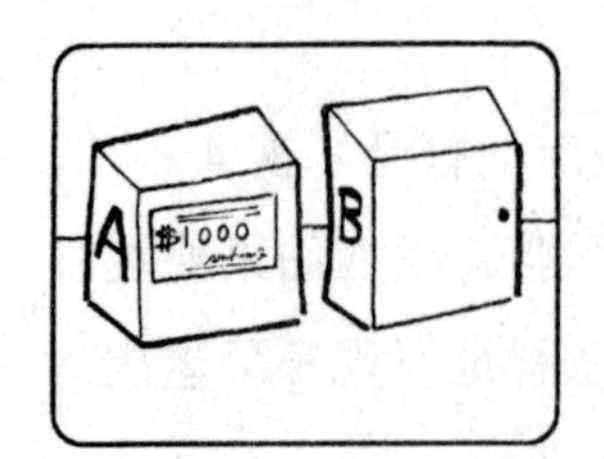

欧米嘎用两只大箱子对许多人进行了测试。箱子 A 是透明的，里面总是放着 1 000 美金；箱子 B 是不透明的，要么是空的，要么放着 100 万美金。

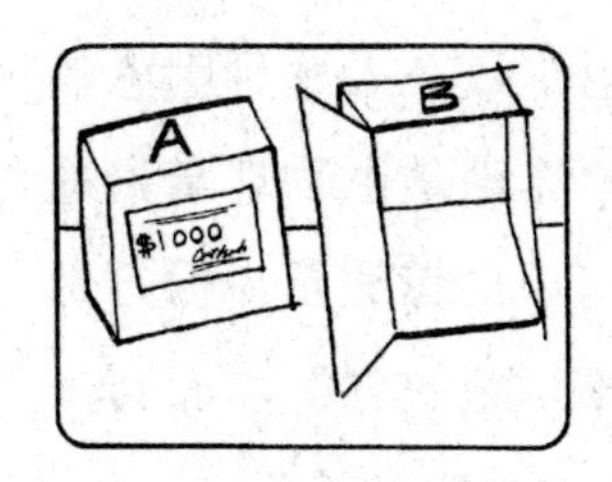

欧米嘎告诉每位受试者：

欧米嘎：你们有两个选择。一个是把这两只箱子都拿走，其中财物归你们所有。但是，如果我猜到你们会作这个选择时，我会让箱子 B 空着，你们只能得到 1 000 美金。

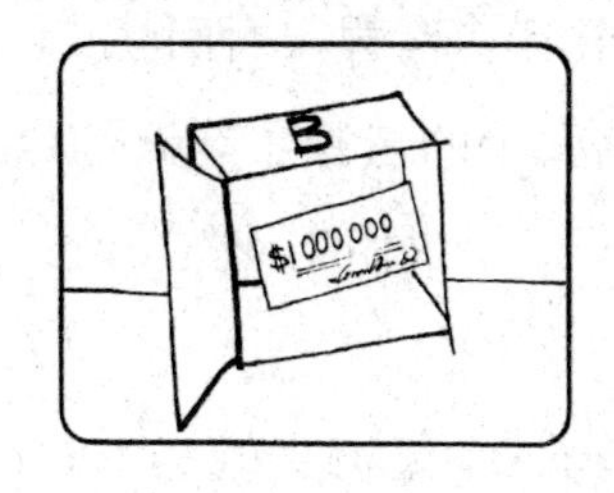

欧米嘎：另一个选择是只拿走箱子 B，如果我猜到你们会作这个选择时，我会在箱子 B 里放 100 万美金，这笔钱全归你们。

一位先生决定只拿箱子 B。他这样推理：

先生：我已经几百次观察欧米嘎作测试了，每次他的预测都准确无误。凡是将两只箱子都拿走的，他们得到的仅仅是 1 000 美金。我只拿箱子 B，我要变成个百万富翁。

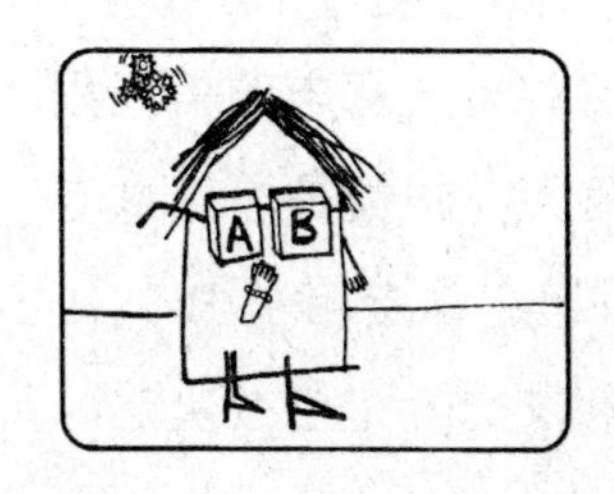

一位女士决定拿两只箱子。她的理由是：

女士：欧米嘎已经作了预测而且离开了现场。箱子 B 里面是不会改变的了：要么是空的，要么是满的。所以，我要将两只箱子都拿走，取其所有。

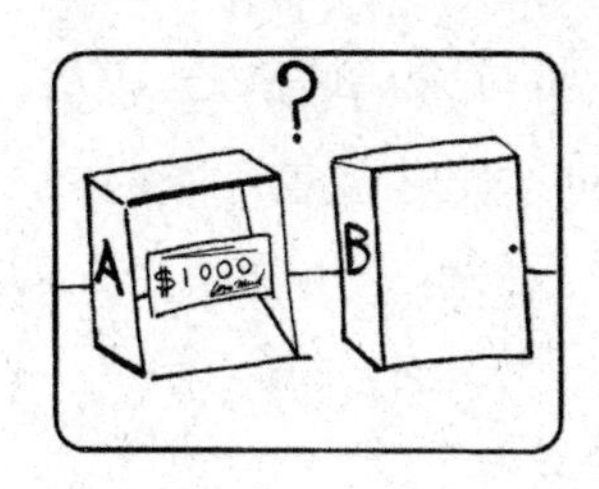

谁做出了最佳选择呢？两种选择都不可能正确。哪种是错误的？为什么错？这是一种新的悖论，其解决方案就连专家也无从知晓。

这是诸多预言性悖论当中最近出现的也是最令人感到困惑的一种，时下许多哲学家为此争论不休。这种悖论是由物理学家威廉·纽康门提出，因而被称为“纽康门悖论”。此悖论首先由哈佛大学的哲学家罗伯特·诺兹克公开发表对该问题的分析，而其分析的重点是数学家们命名为“游戏理论”和“决定理论”。

我们对那位先生只拿走箱子 B 的决定很容易理解，而回忆一下欧米嘎事先离开这一事实就不难理解那位女士的选择了。箱子 B 要么是空的，要么是满的，是不会改变的了。让我们来研究一下这两种可能性。

如果箱子 B 是满的，这位女士只拿走箱子 B，她得到的是 100 万美金。但是，如果她把两只箱子都拿走，她得到的至少是 100 万加 1 000 美金。

如果箱子 B 是空的，这位女士只拿走箱子 B，她将一无所获；但是，如果她把两只箱子都拿走，她得到的至少是 1 000 美金。

因此，在这两种情况下，如果这位女士把两只箱子都拿走的话，她将至少得到 1 000 美金。

此悖论是一块试金石，它能够检测人们对自由意志的信任程度。对此悖论的反应几乎可以均等地分为两类，一类是愿意拿走两只箱子的自由意志的信仰者，另一类是只愿意拿走箱子 B 的决定论的崇拜者。还有人则坚持认为，不论未来是否完全被决定，此悖论所要求的条件都是自相矛盾的。

如果您有兴趣关注对此矛盾观点的进一步讨论，请参考 1973 年 7 月刊载在《科学美国人》上由我主持的“数学游戏”专栏，以及 1974 年 3 月诺兹克教授客座主持的同一栏目。

❷ 数

关于整数、分数
和无穷阶梯的悖论

数字悖论对数学的发展史有很大的影响。它们通过干扰人们的直觉，使数学家们一次次地迷惑和惊讶。典型的发现如：

1. 无理数：$\sqrt{2}$、π、e 和其他一些无穷数。

2. 虚数：$\sqrt{-1}$ 和包含虚数在内的复数体系。

3. 像四元数一类的数字，不满足乘法交换率 $a \times b = b \times a$。

4. 像凯莱数（Cayley number）一类的数字，不满足乘法结合率 $a \times (b \times c) = (a \times b) \times c$。

5. 超穷数或者无穷数。例如，乔治·康托发现的阿列夫数，此举开创了一个被德国伟大的数学家大卫·希尔伯特称为“数学家天堂”的新时代。

这一章的问题主要是围绕有理数展开的，还要研究后三种无理数和超限数。选择这些问题不仅是为了供读者消遣娱乐，而且还要用它们引导大家去探究数字理论更为重要的领域。例如，无处不在的数字“9”引出有限算法；古怪的遗嘱引出了不定方程分析。许多悖论的解决方案是从无显著特点的代数方程开始的，它能增强你的代数技巧。本章只是对康托乐园中的匆匆一瞥，乐园中还有许多激动人心的研究仍在进行中。

6 把椅子的谜题

6 位同学在一家著名的迪斯科舞厅预订了位置。最后 1 分钟，来了第七个同学，加入了他们的队伍。

女店主：太好了，你们都在这了。我已经为你们预留了 6 个位置。哦，天哪，我发现有 7 个人？

女店主：不过没关系，我先让第一个人坐下，然后让她的女朋友在他的膝盖坐上几分钟。

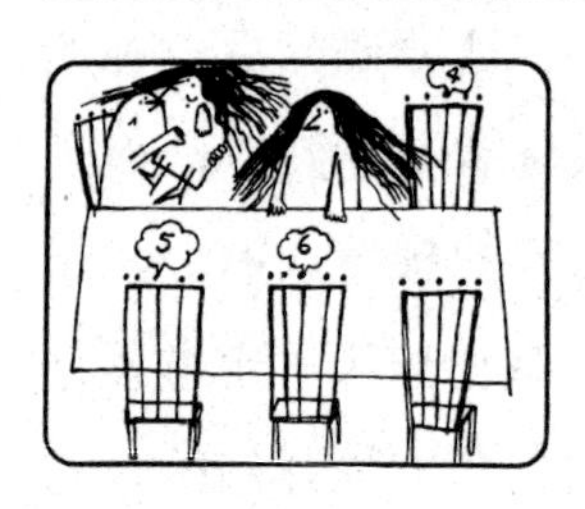

女店主：现在第三个人挨着前两个人坐下，然后第四个人挨着第三个人坐下。第五个人坐在第一个人及其女朋友的对面。第六个人挨着第五个人坐下。这样就安置好了 6 个人，还留下一个空位子。

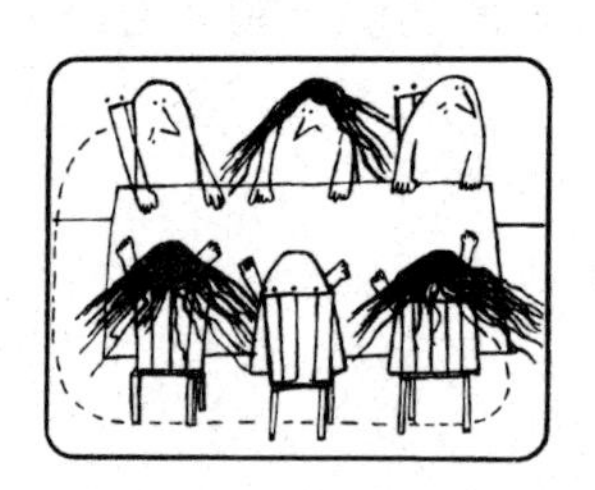

女店主：这样，我现在要做的就是让第七个人离开她男朋友的膝盖，站起来绕过桌子坐在空位上。

有什么问题么？7 个人坐在 6 个位置上，每个人坐一把椅子。

这是传统悖论将 21 个客人安排进 20 间房问题的新版本，你应该很容易指出它的谬误来。解决这道题的关键在于，事实上，开始坐在男孩膝盖上的女孩的编号应该是 2 号。当第 6 个人坐下的时候，女主人就忘了女孩的编号，并把她当成是 7 号。真正的 7 号还没有靠近过桌子呢。2 号只是从男孩的膝盖上离开，绕着桌子走到 6 号的旁边坐下了。

这个悖论看上去违背了一个法则：与一个有 N 个元素的有限集合建立一一对应的条件必须是另外一个集合也是一个有 N 个元素的有限集合。在“无穷大旅店”悖论中，我们还会涉及这个法则。“6 把椅子的谜题”是一个阐述有限集合和无穷集合区别的有趣方式！

难以确定的利润

丹尼斯将自己的一幅油画以 100 美元的价格卖给了乔治。

丹尼斯：你赚了，乔治，10 年之内它将升值 10 倍！

乔治把油画带回去挂在家里，但是过了一段时间，他觉得并不喜欢这幅画，于是他又把这幅油画以 80 美元的价格卖回给丹尼斯。

一周以后，格里从丹尼斯手中买走这幅画的价格是 90 美元。

丹尼斯：你赚大了，十年之内，这幅画的价值将是你现在付出的 50 倍！

这位艺术家很高兴。

丹尼斯：首先，我把画卖了 100 美元。这刚好覆盖了我的时间和原料，所以那场买卖是对等交易。然后我又花了 80 美元买来，然后 90 美元卖出，我还赚了 10 美元。

乔治却不这么计算。

乔治：按照乔治的算法，那位艺术家以 100 美元的价格卖掉油画，然后用 80 美元的价格将其买回，他的净利润就是 20 美元。至于之后的售出，我们可以不用考虑，因为那幅画大约就值 90 美元。

格里对这两种意见都同意。

格里：这位艺术家在 100 美元卖出、80 美元买入的时候就已经赚取了 20 美元。他还赚了 10 美元，这 10 美元是在他以 80 美元买入又以 90 美元卖出时赚得的。所以他全部的获利应该是 30 美元。那么哪种是真实的获利呢？10 美元？20 美元？30 美元？

这个迷惑人的小问题，经常会引起人们激烈的争论。可能需要花点时间才能理解，因为这个问题的难点在于它没有明确的定义，所以每个答案肯定都正确。

不可能说清楚这位画家的真实利润究竟是多少，是因为叙述这个问题的时候并没有说明这幅油画的成本价格是多少。

把画家作画所花时间的成本放在一旁不谈，假定丹尼斯一共花了 20 美元来准备所有作画用的材料，如框架、帆布、颜料。在第三次交易之后，这位画家得到了 110 美元。如果我们将最后收益定义为最终收入与材料花费之差的话，画家的收益是 90 美元。

因为我们不知道材料的花费是多少（我们只能假定一个值），所以我们就无法计算真实的收益。这个问题看似是数学问题，其实只是一个关于什么是“真实收益”的讨论。这个谜题类似那个古老的问题——如果没用耳朵去倾听，就不会知道一棵树倒在森林里会不会有响声。其答案为“是”或“否”，取决于对“响声”这一词的定义。

第三章“几何学”里的前两个悖论，带给我们另外两个有趣的例题，它们讨论的主要是一个词所指的不同含义。

人口爆炸

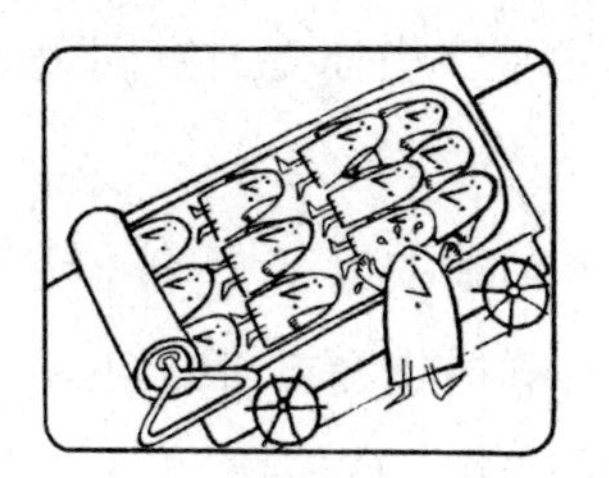

近日，我们听到许多关于地球人口增长有多快的话题。

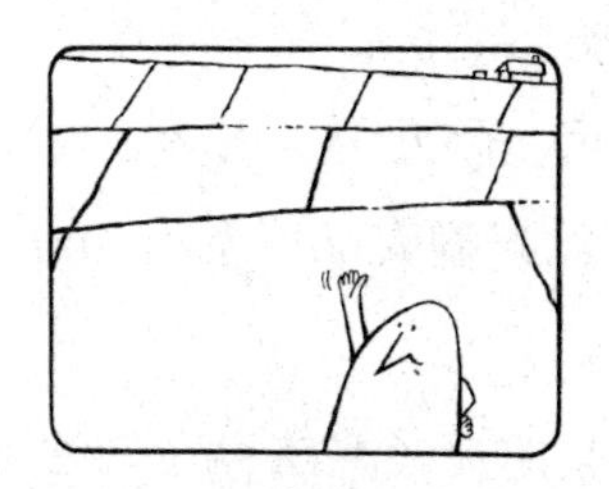

美国反生育节制联盟主席笨笨先生并不同意这个观点。他认为世界人口数量是下降的，不久的将来每个人所需的生存空间将绰绰有余。以下是他的论据。

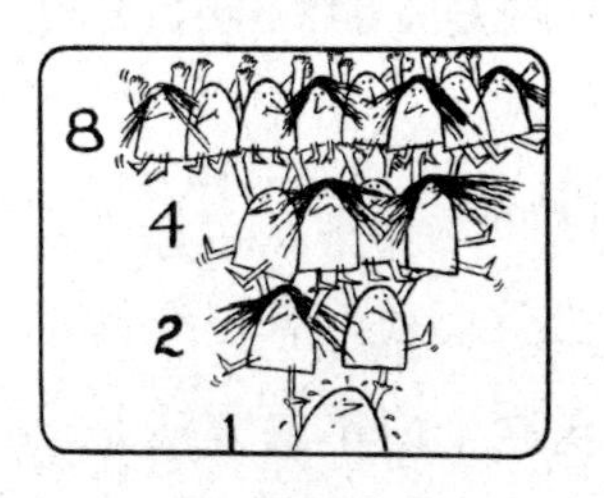

笨笨先生：每个人都有父亲、母亲，这就是两个人。父亲和母亲又分别有双亲，这样在祖父辈上就有四位长辈。同理，每位祖父母也有双亲，这样就是八位曾祖父辈，每向上一代，这个数字就会加倍。

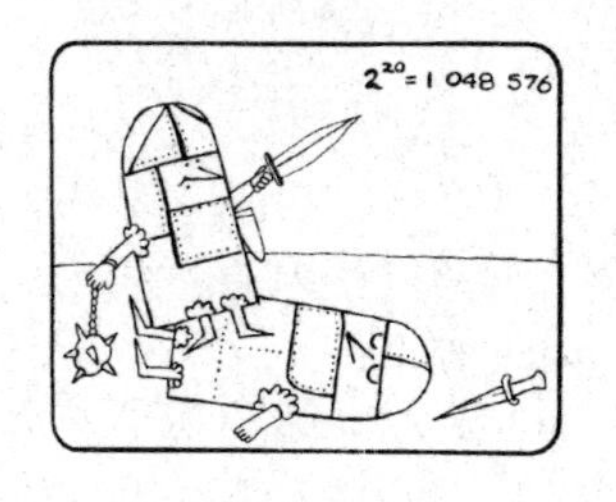

笨笨先生：如果你追溯到20代以前的中世纪，你将有1 048 576位祖先。此方法运用到现在的每一个人身上，那么中世纪时的人口将是现在的百万倍！笨笨先生的结论不可能是正确的，但是他推理中的缺陷在哪里呢？

如果以下两个假设成立的话，笨笨的观点就是正确的。

1. 在所有人的家谱上，每一位先人只出现 1 次。

2. 同一个人只出现在 1 个家谱里。

以上任何一个假设都不会在所有的情况下都正确。如果一对夫妻有 5 个孩子，每个孩子又有各自的 5 个孩子，那么这对夫妇将作为祖父母出现在 25 个独立的家谱中。此外，在任何一个家谱上，如果你向上追溯许多代人以后，就会发现一些分支上有因为远亲结婚而重叠的部分。

笨笨的谬误在于他既没有考虑到在每个单独的家谱上的重叠现象，也没考虑到不同人的家谱上有大量人群被重复计算。在笨笨的人口激增的论证中，上百万人被重复计算了上百万次。

大多数人都惊讶于翻倍增长的速度是如此之快。如果一个人同意今天给另一个人 1 美元，明天给 2 美元，后天给 4 美元，如此继续……难以置信，在第 20 天的时候，此捐赠人需要拿出 100 多万美元！

在翻倍的计算法中，有没有前 20 组求和的捷径算法存在？答案是有的。最后一次加倍之后减去 1。第 20 项是 1 048 576，那么前 20 项的和为

$$(2\times 1\,048\,576)-1=2\,097\,151$$

这样一个算法适用于任何翻倍序列的部分求和。有一个简单的办法可以核实这个方法永远适用。去发现这个简单的方法是一个富有挑战性的谜题，你应该尝试一下。

无处不在的“9”

数字 9 有许多神秘的特性。你知道么？数字 9 隐藏在每一位名人的出生日期里？

例如乔治·华盛顿的生日，他生于 1732 年 2 月 22 日，现在把这个日期写成一个数字，2221732，然后把数字顺序重新排列，得到另一个不同的数字。用两者之中较大的数减去较小的数。

把上边两者之差的各位数字相加，这个例子中得到的数值是 36，然后把 3 和 6 相加，等于 9。

如果你用约·翰肯尼迪的生日（1917 年 5 月 29 日），或者是戴高乐的生日（1890 年 11 月 22 日），或者其他著名人士的生日来测试，你都会得到数字 9。难道是名人的出生日期和数字 9 有什么古怪的联系么？你的出生日期也有这样的关系么？

如果把一个数中所有的阿拉伯数字相加，把得到的数值的各个阿拉伯数字再相加，这个过程一直重复执行到只有一位数字为止。那么，这个最后的数字称为原来数值的根数字，这个根数字相当于原数被 9 除时的余数。因此，这个过程通常被称为“去 9”。

要得到一个数的根数字，最快的方法就是通过各位数字相加然后“去 9”。例如，如果前两位数是 6 和 8，相加得到 14，1 和 4 相加得到 5，只需要记住 5。换句话说，每当各位数字相加的和是 1 位数字以上，只要再把各个数字相加求和就可以。最后得到的数字就是根数字。这个根数字相当于原数被 9 整除，通常简写成“模 9”。既然 9 除以 9 余数为 0，在模 9 的算术中 9 和 0 是相等的。

在计算机诞生以前，会计们通常都使用模 9 的方法来检验大数的加、减、乘、除运算。例如，如果我们计算用数字 B 减去 A 得到数字 C，可以通过用数字 B 的根数字减去 A 的根数字来检验，看得到结果是否与 C 的根数字匹配。如果起初的计算是正确的，那么结果应该是匹配的。这个验证过程并不说明起初的计算一定正确，如果结果不匹配，那么起初的计算一定出了错；如果是匹配的，那么计算结果可能是正确的。同样，用根数字检查的方法也可用于加法、乘法、除法。

现在到了我们解开出生日期之谜的时候了。假定数 N 由多位数字组成，我们可以打乱数字的顺序，得到数 N' 。显然，N 和 N' 有同样的根数字，所以，我们用一个数的根数字减去另一个数的根数字，差是 0，在模 9 的计算中与结果是一样的。这样，0 或 9，就是数字 N 和 N' 之差的根数字。简言之，任何一个数，把它的数字顺序打乱，用两者之间较大的减去较小的，这个差的根数字一定是 0 或 9。

鉴于根数字的计算方法，只在 N 和 N' 相等的情况下，最后结果为 0。因此，当你用出生日期检验这个计算过程的时候，一定要把出生日期打乱变成另一个数字。只要两个数字不一样，最后二者之差的根数字就是 9。

许多魔法窍门都是和这个无处不在的数字 9 有关。例如，你转过身，让一个朋友写下一张美元纸币的编号数字，这样你就看不到他写的数字是多少。让他打乱这个编号的顺序，然后用两者之中较大的减去较小的。让他在得到的差的各位数字中任意删去一个不为零的数字，然后把其他数字按照任意顺序大声读出来，不用转回身，你就可以准确无误地说出他删掉的那个数字。

现在这个魔术的秘诀已经很明显了。这个差值的根数字是 9。当你的朋友说出其他数字的时候，你可以把他念的数字逐个相加，再用 9 减去这个和，那么计算的结果就是他删掉的数字。（如果最后的和是 9，那么他删掉的就是 9。）

出生日期和美元编号的游戏，对模数运算体系的研究做出了很好的介绍。

困惑的汽车司机

一辆满载着 40 个男孩的巴士，正准备驶向他们的营地。

另一辆满载着 40 个女孩的巴士，也准备开往同一个营地。

在开车前，两位司机去喝了杯咖啡。

在他们喝咖啡的时候，10 个男孩从他们的车上下来，溜进了女孩的车里。

当载女孩汽车的司机回来的时候，他发现车上多了一些乘客。

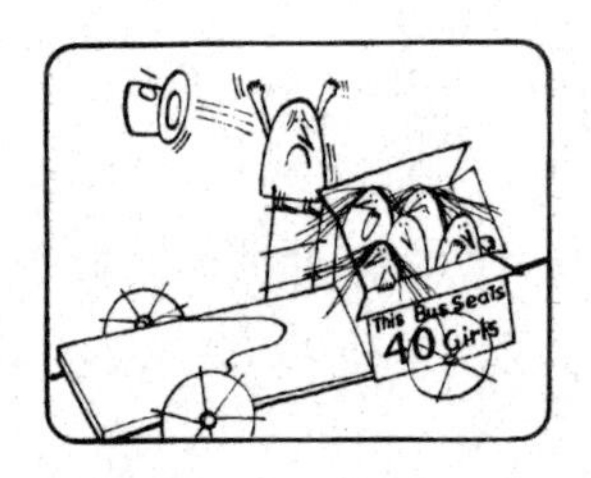

司机：好啦，现在不要嬉闹游戏了！这辆车上只能乘坐40个人，所以需要有10个人下车，快一点！

10个人从这辆车上下去，上了原来男孩的那辆车，坐在了10个空位上。（这10个人当中有男孩也有女孩。）然后，这两辆车，每一辆都载着40名乘客驶向他们的营地。

过了一会儿，载女孩汽车上的司机在想：

司机：嗯，我确定我这辆车上有一些男孩，也有一些女孩上了男孩的那辆车。我想知道哪一辆车里搭错车的人比较多呢？

难以置信，不管那10个后来回到男孩车的乘客的性别如何，这两辆车上的异性人数总是相同。

为什么？假定 4 个男孩在女孩的车上，那么男孩的车上就留下 4 个空座位。这 4 个空座位就需要 4 个女孩来补上。同样，对于其他人数的男孩一样成立。

这个悖论很容易用扑克牌来论证。首先，一副牌有 26 张红牌和 26 张黑牌，让一个人从一堆上拿走一部分。我们假定从红色的一叠中拿走 13 张，把它们放到黑色一叠的最上面，再将这一叠彻底洗牌。之后让他从刚才洗好的一叠牌中，任意抽取拿回相同数量的牌（这个例子中是 13 张），放回到红色的一叠中。然后把这半副也洗牌。

检查这两叠半副牌，你会发现在红牌一叠中黑牌的数量刚好和黑牌一叠中红牌的数量相等。这个表演验证了两辆巴士上男孩女孩数量的问题。

许多纸牌类魔术都是基于以上的原理。在另一个魔术中这个原理也巧妙地隐藏其中。把一副牌平均分成两份，把其中一份面向上放，然后把两部分放在一起洗牌。把这叠混合的纸牌向观众展示，不要告诉大家其中有 26 张面向上。让别人把这副牌彻底洗牌。伸出手，让他发 26 张牌放在你手上。

“这是个惊人的巧合吗？”你说，“如果，我的这半和你那半包含的面朝上的纸牌数量完全相同？”

让他把纸牌在桌面上铺开，当他这样做的时候，悄悄地把你手中的牌翻过来然后铺开在他的牌旁边。数一数两部分中面朝上纸牌的数量，两个数会完全一致！

这个魔术与巴士谜题是建立在同一个原理之上的。如果你没有把牌翻过来，那么你手中面朝上纸牌的数量将会和另一部分中面朝下的纸牌的数量相同。当你把牌翻转的时候，面朝下的纸牌变成面朝上的纸牌，这就使它们和另一半中面朝上的纸牌一一对应。

这样，我们就可以思考另一个古老的难题。一杯水和一杯酒摆在一起，两种液体的量相等，一滴酒被加进水中彻底搅和，当这杯水被完全搅匀的时候，取一滴同样大小的混合物放回酒杯。那么现在水杯中的酒和酒杯中的水哪个更多呢？

这两种混合物中的掺杂量应该是一样的。即使两种容器中装了不同量的液体，也不论液体是否彻底搅和，这个答案也不会改变。我们可以改变向外取出的量、取出的次数。唯一需要满足的条件就是，在最后，每一个杯子里的液体都要达到开始时的量。以装酒的杯子为例，倒出一部分酒，然后杯子中缺少酒的那部分由完全等量的水补充上了。这个等同性的谜题与两辆巴士上男孩女孩数量的实验、两叠纸牌中红牌和黑牌的实验同出一辙。

酒和水问题这个典型的例子，可以用一个比较枯燥的代数方法来解决，但是如果以一个合理的角度去思考，也会得出一个简单的逻辑推理。

丢失的美元

一家唱片商店将 30 张摇滚老唱片以 1 美元 2 张出售，将另外 30 张唱片以 1 美元 3 张出售。一天之内 60 张唱片全部售出。

以 1 美元 2 张出售的 30 张唱片，收入 15 美元；以 1 美元 3 张出售的 30 张唱片，收入 10 美元。二者合计收入 25 美元。

第二天，商店的经理将另外60张唱片放在柜台上。

店员：为什么要麻烦地分类呢？如果30张以1美元2张销售，另外30张以1美元3张销售，那么为什么不将60张放在一起，以2美元5张销售呢？这是一样的嘛！

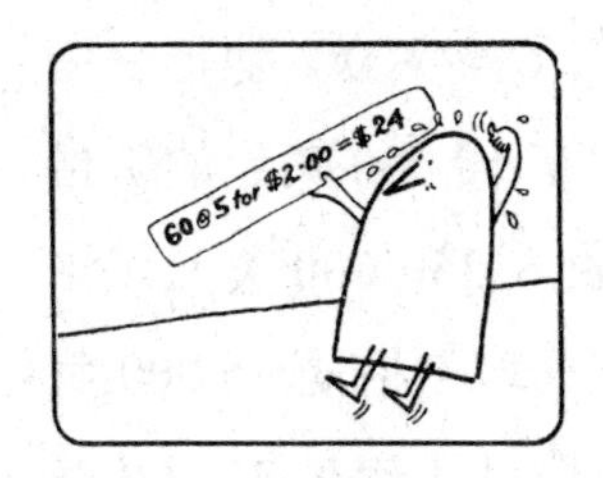

当晚上关门的时候，所有60张唱片都卖掉了。但是当经理检查现金的时候，他惊奇地发现当天的收益不是25美元，而是24美元。

你认为这次现金丢失是怎么回事？是店员偷了，还是给顾客找错了钱？

让我们指出这里接下来发生了什么，正如故事中讲述的，店员凭他的直觉来判断，错误地以为两批唱片以每5张2美元的价格出售和将它们分别以3张1美元、2张1美元出售是一回事。两种方法取得相同的收入是没有道理的。在这个例子中，两者的区别是如此的微小——只有1美元——看起来1美元好像可以忽略甚至舍弃。

可以用略微不同的参数来思考同类的问题。假定贵一点的唱片以每3张2美元，或者说以2/3美元1张的价格出售；另一些以每2张1美元或者说以1/2美元1张的价格出售。经理把这两种一起销售，价格是每5张3美元。如果每一部分都有30张的话，像以前一样分开销售收入35美元，而一起销售的话收入是36美元。这样，这家商店就多收入了1美元而不是损失1美元。

店员的直觉并没有错，但是数字显示他错了。这个错误可以用代数的方法去分析。另外一个极端的例子足够说明你不可能把数量、价格都按照这样的方式平均以后去进行每一次交易，还想得到相同的结果。

假定，一个汽车经销商有6辆劳斯莱斯、6辆大众。他把它们以每2辆劳斯莱斯100 000美元、6辆大众汽车50 000美元的价格出售。如果他把全部12辆车都卖了，他将收入350 000美元。这相当于分两批销售，每批售出4辆车，每批平均价格是75 000美元。现在，如果他把所有的库存汽车按此方法以4辆车75 000美元出售，卖掉所有的汽车，他将仅仅得到225 000美元。更重要的是，顾客肯定会花75 000美元买下4辆劳斯莱斯，而留给经销商8辆超出平均价的汽车。这就为前面提到的出售唱片的店员找到了合理的解释。

魔幻矩阵

在纸上画一个4×4的矩阵，然后将1～16标在每个格里。我会让你惊奇地看到一种精神力量的奇异魔力。我将控制你在矩阵中选择的4个数字。

随意选择一个数字，然后在数字上画一个圆。这张图片中圈定的数字是7，但是你可以选择任意你想选的数字。在你选的数字那一列画一条垂线，然后在你这个数字那一行画一条水平线。

任意选一个没有被线穿过的数字，在上边画一个圆，然后在其所在列和行中再一次画上垂线和水平线。用同样的方法选择第三个数字，并画上垂线和水平线。最后选择唯一剩下的数字。

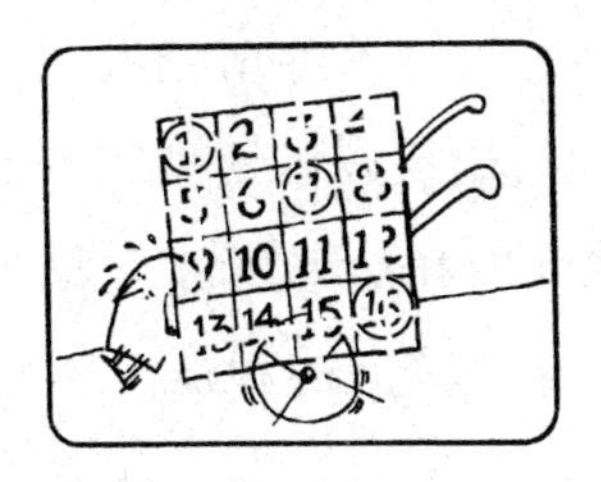

如果你按照要求去做的话，将得到一个与图中类似的结果。现在，将你选择的 4 个数字相加。

准备好了吗？我将告诉你们每一个人，你们相加的和……是 34！对么？我是怎么知道的？难道我真的能影响你们的选择？

为什么我们总会选择矩阵中 4 个相加等于 34 的数字呢？这个奥秘很奇妙，也很简单。在这个 4×4 矩阵的每一列顶端分别标上数字 1、2、3、4，在每一行的左边分别标上 0、4、8、12。

	1	2	3	4
0				
4				
8				
12				

这 8 个数字称为这个魔幻矩阵的生成元。每一个单元格中的值就是它所属的行和列的生成元的和。当我们将数字填写到所有的单元格时，就会得到一个按照 1～16 计数顺序排列的矩阵。

	1	2	3	4
0	1	2	3	4
4	5	6	7	8
8	9	10	11	12
12	13	14	15	16

现在按照描述的过程，再看看当我们圈定 4 个数字时情况会怎样。这个过程保证圈出的数字不会两两同时出现在同一列或同一行。因此每一个数字都是唯一的两个生成元的和，因此 4 个圈中数字的和就等于 8 个生成元的和。因为 8 个生成元的和是 34，所以这 4 个被圈中的数字的和也一定是 34。

当你明白这个矩阵是怎么回事时，你就可以制作一个任意大小的矩阵了。例如，思考一下 6×6 的矩阵，它有 12 个生成元。注意这个例子中生成元是随意挑选出来的关系，所以每个单元格中的出现的数字也是随机的。这种隐藏的潜在关系结构使它看起来更神秘。

	4	1	5	2	0	3
1	5	2	6	3	1	4
5	9	6	10	7	5	8
2	6	3	7	4	2	5
4	8	5	9	6	4	7
0	4	1	5	2	0	3
3	7	4	8	5	3	6

这里的生成元的和是 30。如果按照步骤选中六个数字的话，它们的和将是 30。这个特定的数或和可以是我们想要的任何一个数。

你可以建立一个 10×10 的矩阵，可以指定这个和是 100，或者其他有趣的数字，比如现在的年份或者朋友的出生年。魔幻矩阵可以在单元格中填写负数么？当然可以！事实上，生成元可以是任何数，或正数或负数，或有理数或无理数。

是否可以建立一个魔幻矩阵，选择的数字相乘而不是相加来得到最后的数值呢？可以，这就要研究出另外一套操作步骤。但是它们的基本结构完全相同。在这里我们预定的值是生成元集合的乘积。你也可以观察复数应用在每个单元格的应用情况。要了解更多关于魔法矩阵的内容，请参考《科学美国人——数学谜题游戏》的第2章。

古怪的遗嘱

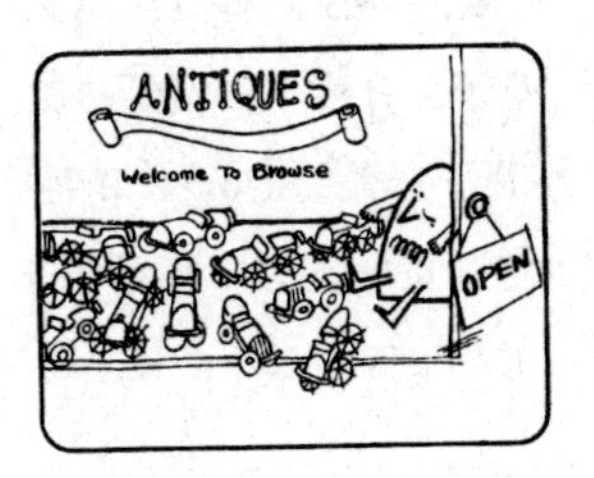

一位富有的律师拥有11辆古董汽车。每一辆都价值25 000美元左右。

律师去世的时候，他留下了一份古怪的遗嘱。他把11辆车分给他的3个儿子。把1/2的汽车给大儿子，1/4的汽车分给二儿子，把1/6的汽车留给小儿子。

每个人都迷惑了，11辆汽车怎么能分成相等的2份？或者4份、6份？

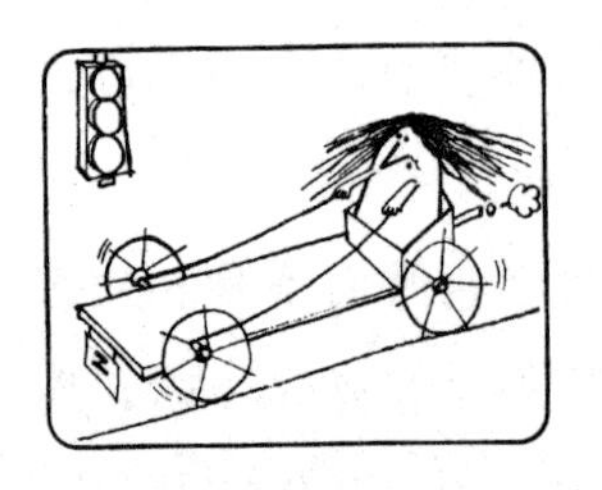

当儿子们争论如何分配汽车的时候，著名的数字占卜专家泽尔女士，开着她的新跑车来了。

泽尔女士：你们好，孩子们，你们好像遇到了什么问题，我能帮忙么？

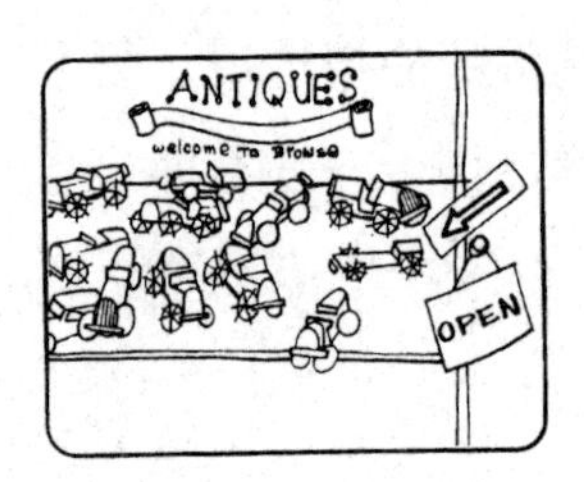

当几个儿子把情况讲清楚以后，泽尔女士把她的跑车停在了那 11 辆车旁边，跳下车来。

泽尔女士：孩子们，告诉我现在这里有几辆车？他们回答 12 辆。

接着泽尔女士按照遗嘱的条件，将汽车总数的 1/2——6 辆分给了大儿子。分给了二儿子总数的 1/4——3 辆，分给了小儿子总数的 1/6——2 辆。

泽尔女士：6 加 3 加 2，正好是 11。还留下 1 辆，那就是我的跑车。

泽尔跳上了她的跑车，开走了。

泽尔女士：很乐意给你们帮忙，孩子们！我会给你们寄账单来的！

这是一个古老的阿拉伯悖论的现代版，原来讲的是分马而不是分汽车。你可以改变汽车的数量并把它们分成不同的几份，以此来更改遗嘱的条件。条件的关键是允许借来一辆车来执行遗嘱，最后剩余 1 辆车，还给车的主人。

例如，一份遗嘱中有 17 辆车，要被分成 1/2、1/3 和 1/9。如果这里有 n 辆车，分成三部分分别是 $1/a$，$1/b$，$1/c$，只有下列方程式：

$$n/n+1=1/a+1/b+1/c$$

有整数解时，此悖论方可成立。看看是不是可以增加继承人的数量，或增加履行遗嘱时需要借的汽车的数量，来对该问题进一步展开讨论。

当然，这个悖论的解决要依赖于这个事实——起初的遗嘱分配的每个分数之和小于1。如果泽尔女士严格按照遗嘱切分汽车，那么将有1辆汽车的11/12会剩下。泽尔女士提供的方法其实将最后的11/12辆汽车也分给了继承人。因此，大儿子多得了6/12辆汽车，二儿子多得了3/12辆汽车，小儿子多得到了2/12辆汽车。这三个分数加起来是11/12。既然如今每个儿子都得到了整数量汽车，就没有切割的必要啰。

惊人的码

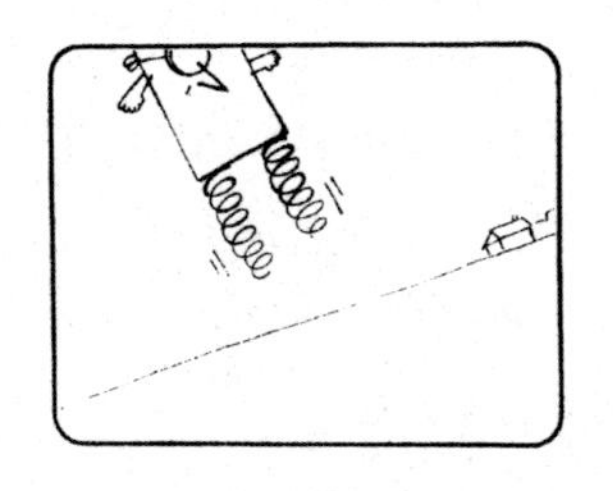

泽特博士是一位来自其他时空维度的一个螺旋星系上的科学家。一天，他来到地球收集人类的信息。迎接他的主人是一位叫赫尔曼的美国科学家。

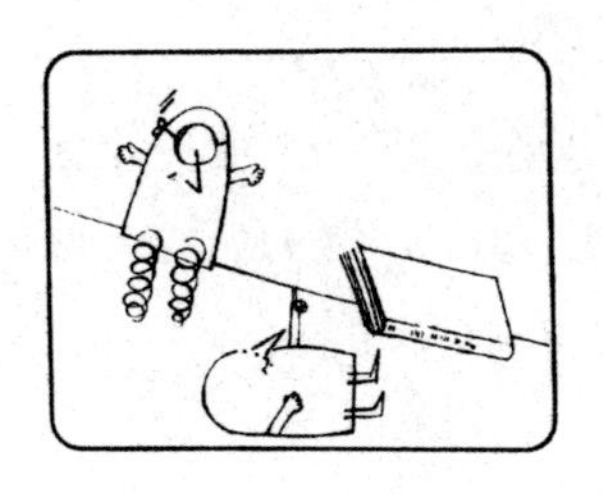

赫尔曼：你为什么不带一套《大英百科全书》回去呢？它概括了我们所有的知识。

泽特博士：好主意，赫尔曼！可我带不了太重的东西。

泽特博士：可是，我可以把整部百科全书用编码记录在这个金属棒上。棒上的一个刻度就可以做到。

赫尔曼：你在开玩笑吗？怎么能让一个小小的刻度存储这么多的信息呢？

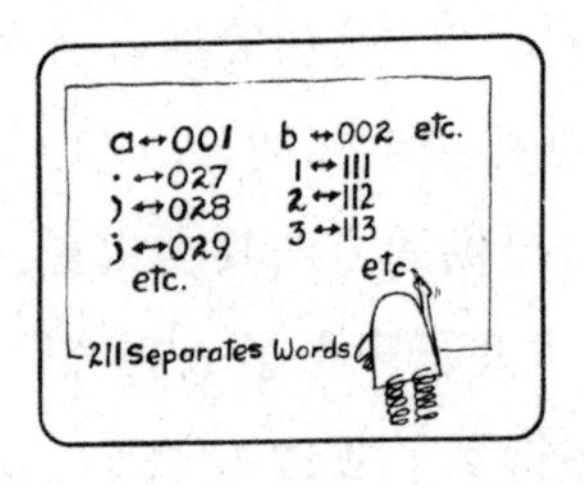

泽特博士：很简单，我亲爱的赫尔曼！这部百科全书里有不足 1 000 个不同的字母和符号。我将每个字母或者符号分别用 1～999 来编码。如果不足三位的话在前边用数字 0 补足。这样每个编号都会用一个 3 位数表示。

赫尔曼：我不明白，那么你如何给单词 CAT 编码呢？

泽特博士：那很简单，按照我刚才给你讲过的编码方式，CAT 的编码是 003001020。

利用他那功能强大的袖珍计算机，泽特很快把百科全书全部扫描下来，并把它们转换成了一个庞大的编码。他在这一串编码前边加了一个小数点，把它变成了一个十进制小数。

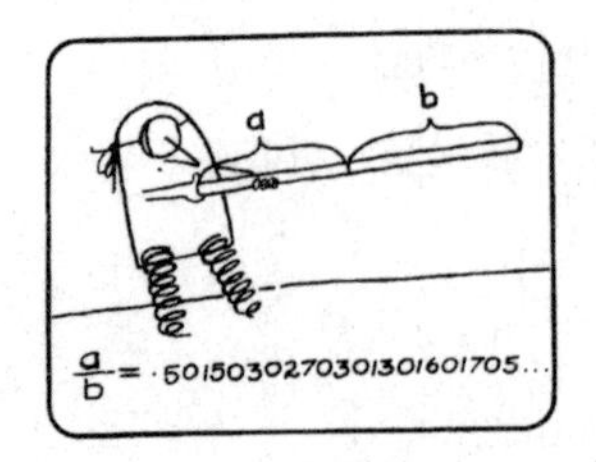

然后泽特博士在他的金属棒上作了一个标记，把金属棒分成 a 和 b 两段，使得分数 a/b 的值等于编码转换成的十进制小数值。

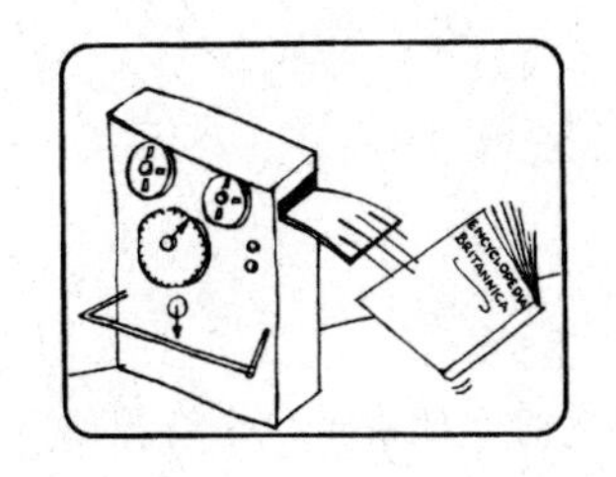

泽特博士：当我回到我的星球，我们的计算机会精确地测量 a、b 两部分的长度，然后计算出分数 a/b 的值，再解码这个十进制的小数，最后计算机就会为我们打印出你们的百科全书了！

如果你还不熟悉编码，那么你可能会愿意利用类似这里用过的数字密码去加密、解密一些简单信息。编码举例说明了一一对应的重要性，以及如何将一种结构映射到另一种同形结构上。这样的编码如今已经应用到高等论证理论。哥德尔有一个著名的定理，任何一个涵盖所有整数的复杂推论系统，都包含在这个系统中无法证明真假的命题。哥德尔定理基于一个数字代码，它将每一个推论体系都转化成一个唯一的庞大数字。

把一部百科全书编码然后记录在金属棒上的一个刻度上只在理论上可行，实际上行不通。因为标记金属棒所需要的精度现实中是达不到的。这将是一个比电子还小许多的标记刻度，并且对两段长度的测量也应该是在同一度量等级上。如果我们可以精确地测量出两段长度从而得出泽特博士的分数，那么这个过程就可以实现了。

换成无理数，数学家们认为“π”的十进制展开是与其他典型的无规律的无穷序列一样“不规律”。如果这是真的，它将意味着，某一组有限数列会出现在某一特定位置。换句话说，在 π 的十进制展开数列的某一段数列就是一串类似泽特博士编制《大英百科全书》的编码一样的代码，或是对其他已被印刷或还未被印刷的作品编制的代码。

还有大量的“有规律”的无理数包含了任一有限数列。举个例子：0.123456789101112131415……，这个数可以按照计数的顺序一直写下去。

无穷大旅店

在泽特博士离开之前，他讲了一个奇异的故事。

泽特博士：“无穷大旅店”是坐落于我们所在的星系中心的一家巨大的旅馆。有无数多的房间，穿越一个黑洞向更高维的世界延伸。房间的编号从 1 开始直到无限大。

泽特博士：有一天，旅店客满，来了一位飞往其他星球的 UFO 驾驶员。

泽特博士：即使这里没有空房了，旅馆的经理还是为这名飞行员找了个房间。经理只是把每个房间的房客移到下一号房间里去，这就为这名飞行员空出了一间房。

泽特博士：第二天，来了 5 对度蜜月的夫妇。“无穷大旅店”能招待好他们么？当然，经理只是让每个房间的人搬到房号是原房号加 5 的房间中去就可以了。这样他就把 1～5 号房间空出来，给了这 5 对夫妇。

泽特博士：周末的时候，无数的泡泡糖销售员来到这里开会。

赫尔曼：我可以理解，“无穷大旅店”是如何招待好这样无限数量的新客人的！但是，他们如何为无限数量的人准备房间呢？

泽特博士：很简单，亲爱的赫尔曼。经理只是让每个房间的人搬到他们房间号乘以 2 的房间中去就可以了。

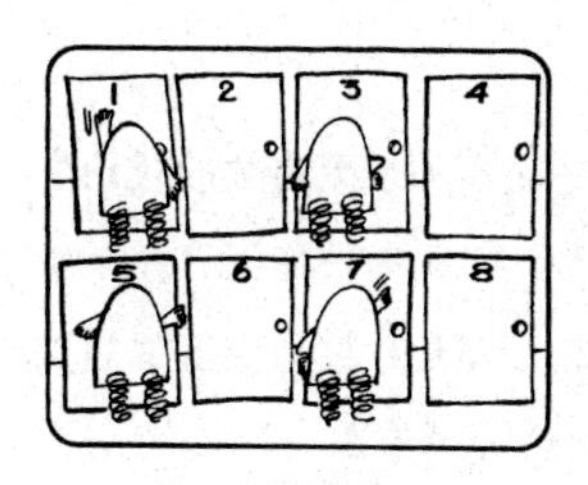

赫尔曼：当然啦，那就让所有人搬到偶数号房间中，把所有奇数号的房间——也是无限多个房间——留给泡泡糖销售员了。

有限集合不可能与它的一个真子集一一对应。但这对于无穷集合并不成立。这看起来违反了古老的法则——整体大于它其中的一部分。的确，一个无穷集可以建立与它真子集的一一对应。

这位“无穷大旅店”的经理首先说明了所有可数集合可以与它的真子集建立一一对应，从而留下 1 个元素，或是 5 个元素。很显然，这个过程可以变化一下，这样一个无穷子集可以从整个集合中去除，然后按要求留下一定数量的元素。

这种减法有另一种方式，假定两根无限长的测量棒并排放在桌子上。将它们的 0 点对齐放在桌子的中间。每根木棒都画好刻度并用厘米做单位标记。它们都可以向右无限延伸，并且刻度可以一一对应：0-0，1-1，2-2……。现在想象一下把其中一根向右

滑动 *n* 厘米。这个动作之后，移动的木棒上的每一个刻度将仍然与固定的木棒上的刻度一一对应。如果我们移动的是 3 厘米，那么相对应的刻度应该是 0-3，1-4，2-5……。移动后映射的 *n* 厘米，代表着两个木棒长度上的差别。两根木棒都没有变化，都还是无限长。我们可以任意设定一个差别数值 *n*，显而易见，对于无穷集合做减法运算是一项不确定的运算。

“无穷大旅店”的经理最后打开了无限多个房间。这表明无穷大中减去无穷大还剩下无穷大。通过把每一个可数数字与每一个可数偶数一一对应，这样就留出了一个包含所有奇数的无穷集。

阿列夫阶梯

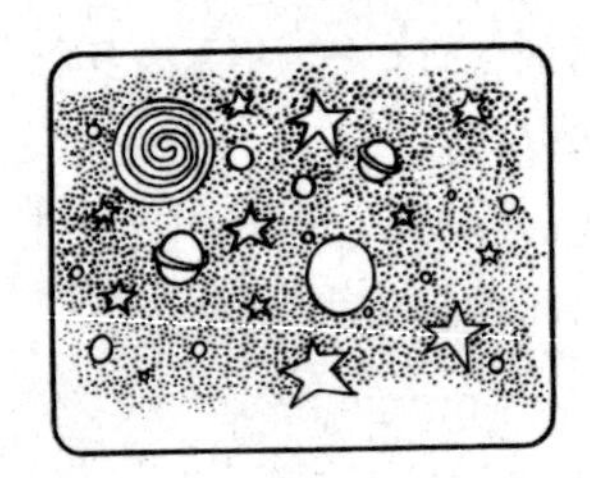

“无穷大旅店”只是众多关于无穷数的悖论中的一个。无穷数有很多。可数集只是无穷体系中最低级的一个等级。第二级无穷数是宇宙中的点数，第三级无穷数要比这大得多。

德国数学家乔治·康托尔，发现了这个通往无穷数的阶梯，他称这些前所未知的数集的基数为阿列夫 0、阿列夫 1、阿列夫 2，等等。

集合中基数是集合中元素的数量。例如，包含单词 CAT 的字母的集合，它的基数是 3。任何一个有穷集合都有一个限定的基数。乔治·康托尔发现有些无穷集好像比其他无穷集要大。他用希伯来字母的第一个字母阿列夫（ℵ）来表示一个无穷集的基数，用“下脚标”来标明是哪些无穷数。

可数数集的基数，康托尔称之为阿列夫 0（$\aleph_0$），偶数部分集合和奇数部分集合，它们的基数都是阿列夫 0（$\aleph_0$）。因此，$\aleph_0+\aleph_0=\aleph_0$。这个“无穷大旅店”的谜题告诉我们，在某种意义上，可以是$\aleph_0-\aleph_0=\aleph_0$！多么难以捉摸的数字啊！

实数集组成一个更大的无穷数集。康托尔认为其中包括第一个比$\aleph_0$大的超限数$\aleph_1$。他著名的“对角线法则”表明实数集不能与整数集一一对应。同时，他认为实数集中的数与线段上的各点，无限伸展线上的各点，正方形上的各点，无限平面上的各点，以及超立方体和高维空间上的各点一一对应。

康托尔论证出，若将阿列夫进行乘方，可以生成一个高一级的阿列夫，不能与原幂中的阿列夫建立一一对应。因而阿列夫阶梯将会无限上升。

实数集的基数为 c，或“连续乘方”。但康托尔无法证明 c 等于$\aleph_1$。几十年后，科特·哥德尔和保尔·科恩认为该问题无法用标准集合理论解决。因此，集合理论如今被分为康托尔集合和非康托尔集合。康托尔集合假设 $c=\aleph_1$。非康托尔集合假设在$\aleph_0$与 c 之间有一组无穷大的超穷数。

作为康托尔著名的“连续统假设”猜想，其正确与否被认为不可判定。这类似于当初欧几里得的平行公设刚提出时还无法证明的情况。公设有可能被其他结论替代，因此几何学被分为欧几里得几何学和非欧几里得几何学。

❸几何学

关于平面、立体以及不可能的图形的悖论

对大多数人来说，“几何”一词意味着欧几里得平面几何学——它研究平面图形的性质。本章中，我们按照菲利克斯·克莱茵一个多世纪前提出的更广义的概念理解“几何”这个词的含义。“几何”研究任何维度的空间的图形性质，图形性质对于任何定义的变换群都保持不变。

克莱茵的几何概念是现代数学中最有影响的和最统一的数学概念之一。欧几里得平面几何和立体几何学所允许的变换包括平移（从一个地方平移到另一个地方）、镜面反射、旋转和伸缩（放大或缩小）。比较极端的变换定义了仿射几何、投影几何、拓扑，最后是集合论，即一个图形可以分解为无数个可以重组的点。

瑞士心理学家让·皮亚杰认为孩子们掌握几何特性的次序恰恰与以上的次序相反。例如，幼儿更容易区分一堆红色的弹珠和一堆蓝色的弹珠（集合论）或者区分一条完整的橡皮圈和一个断开的橡皮筋（拓扑学），而不易区分五边形和六边形（欧几里得几何学）。

拓扑学是几何学的一个特殊分支，它研究几何图形在连续形变下保持不变的性质。想象一下，只要你不割断皮筋并把割断的部分黏合到一起，你可以随意扭曲一个橡皮筋。例如，单面性是莫比乌斯带的拓扑学性质之一，因为假如你想象它是橡胶的，那么无论怎么扭曲或伸缩，它的单面特性也不会改变。本章中的很多悖论——编手镯，环面内外表面的神奇转换，不动点定理，凡此种种应用的都是拓扑学原理。

本节重点研究不对称图形——如大写字母 B——变换为镜面反射图形的镜像变换。原因有二：一是镜像变换是许许多多有趣的悖论的基础，二是镜像变换在现代几何学和现代科学中占举足轻重的地位。镜面对称在化学尤其是有机化学中的作用是基础性的。在有机化学中，几乎所有碳分子都是左旋形或右旋形的不对称图形。镜面对称在结晶学、生物学、遗传学和粒子物理学中也有非常重要的作用。

尽管某些悖论初看起来好像只是人们好奇心驱使下的一种消遣而已，但每一个悖论都会自然地将你引入重要的数学领域，例如，集合论、逻辑学、数列理论、无穷极数和极限理论等。学生学习几何时通常特别注重用直尺和圆规作图，并做一步步的定理证明，但他们忽视了几何和其他数学分支之间的有趣联系，忽视了几何在天文学、物理学和其他各门科学中的永无止境的、令人愉悦的应用。

绕着追女孩

马文：哦，默特尔！你藏在树后吗？

马文绕着树转，默特尔也这样做。她的鼻子总是朝着树，所以男孩马文始终看不到她。

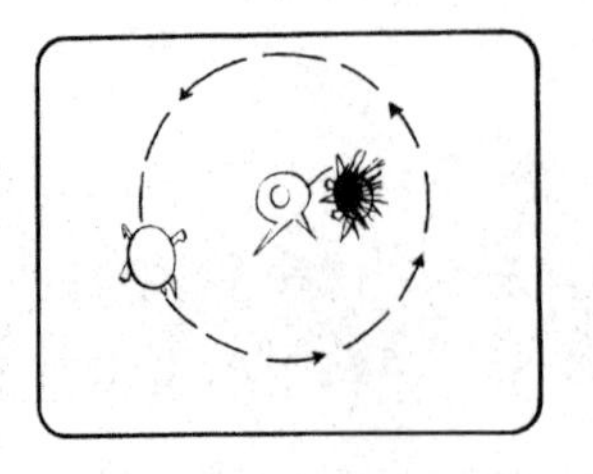

他们绕树转了一圈后，都回到原来的位置。那么，男孩马文有没有绕着女孩默特尔转了一圈呢？

马文：当然啊！我既然绕着树转了一圈，肯定也会绕着她转了一圈啊。

默特尔：胡说！即使这棵树不在这儿，你也根本看不到我的背。如果你没有看到一个物体所有的面，那怎么可以说你绕着它转了一圈呢？

这个古老的悖论通常以猎人和松鼠的形式出现。松鼠坐在树桩上。猎人绕着树桩转的时候，松鼠也在转动，这样它总是面向猎人。那么，猎人绕着树桩转完一圈，他绕着松鼠转了一圈吗？

当然，如果我们在“绕”这个词的意义上没有达成一致意见，这个问题将无法回答。我们日常用语中，许多词没有确切的定义。威廉·詹姆斯在他的经典哲学著作《实用主义》中，有一段就猎人与松鼠的悖论的有趣探讨。他将这个悖论视为纯粹语义分歧的典型。当争论双方认识到他们所争论的只是如何定义一个词时，困难就会迎刃而解。如果人们更清楚了解词的确切定义的重要性，那么许多尖锐的争论差不多变得跟现在这个悖论一样简单易解。

月亮之大谜题

月球总是同一面朝着地球转。在月球绕地球转一圈后，月球绕着自己的轴转了吗？

爸爸：作为一个天文学家，我认为是这样的。如果你从火星上看，你会看到月球每绕地球一圈都会自转一圈。

女儿：爸爸，它怎么自转呢？如果月球真的自转的话，我们就会看到月球的不同的面，可是我们看到的一直都是同样的那个古老的一面啊。

月球真的绕轴转了吗？男孩绕女孩转了吗？这些是名副其实的悖论还是只不过是在词义上的争论呢？

与前一个悖论一样，这也只是语义争论的又一个例子。“绕自己的轴线旋转”这个短语的确切意思是什么呢？相对地球上的观察者来说，月球似乎没有自转。相对于地—月系统之外的观察者来说，月球的确是自转了。

一些才识渊博的人却以极其严肃认真的态度来研究这一简单的悖论，这是难以置信的。奥古斯都·德·摩根在他的《悖论汇编》一书的第一卷中，对 19 世纪出版的、反对月球自转的几本小册子作了评论。伦敦业余天文学家亨利·佩里哥一生都在不知疲倦地为此辩论。他的讣告中写道“他在天文学方面一生的主要目标”就是说服人们相信月球没有自转。佩里哥撰写小册子，构建模型，甚至写诗歌来证明自己的观点。“尽管他发觉这些都毫无用处，但是他却以英雄的乐观精神承受着一个又一个的失望。”

关于这一点，我们可以讨论一下一个跟月球问题密切相关的神奇的小悖论。画两个大小相等、相互外切的圆圈来代表两个圆盘。让其中一个圆盘围绕另一个圆盘转动，保持两个圆盘的边缘紧紧贴在一起，不滑落。那么，这个转动的圆盘绕着固定圆盘一周后，它本身旋转了几圈呢？

大多数人回答一次。那么让他们用两个同样大小的硬币来试试吧，之后他们会很惊奇地发现，那个转动的硬币实际上自转了两圈。

真是这样吗？就像地球—月球的悖论一样，答案取决于观察者所选的参照物。相对于固定硬币的最初接触点来说，转动的硬币自转了一圈。那么，对于俯视硬币的你来说，它自转了两圈。这也已成为引起激烈争论的话题。《科学美国人》在 1867 年首次刊登这个问题，于是持截然相反观点的读者的来信如洪水般地涌来。

读者很快就认识到了硬币悖论和月球—地球悖论之间的关系。那些坚持认为转动的硬币只自转一圈的读者同样也认为月球根本不会自转。一位读者在来信中写道："如果你抡一只猫在你的头上转圈，那么是不是猫的脑袋、眼睛和脊椎都绕着自身的轴线旋转了呢……？转到第九圈时猫会不会死掉啊？"

来信急剧增多，于是在 1868 年 4 月，杂志编辑部宣布他们不再讨论这个话题。不过这个话题将在专门研究这个"伟大的问题"的新月刊《车轮》上继续探讨。不管怎么样，这个杂志出了一期，专门刊载了读者精心制作的各种仪器的图片，他们把这些寄给编辑部来证明自己的观点。

天体旋转会形成惯性，傅科摆这种仪器可以检测到这一点。置于月球上的类似的钟摆显示月球在绕地球旋转的同时确实是自转了。这是否使之前的争论转为和观察者的参照物无关的争论呢？

令人惊讶的是，根据广义相对论，答案是不可以。你可以假设月球自身不旋转，但是假设整个宇宙（不管宇宙的时空构造是否和它所包含的物质无关）绕着月球旋转。宇宙旋转所产生的引力场会带来和月球在一个固定的宇宙中旋转所产生的引力场同样的效果。当然如果把整个宇宙作为一个固定参照物来考虑的话就方便多了。但是严格来说，在相对论中，一个物体是否"真的"旋转或静止的问题没有什么意义。只有相对运动才是"真实"的。

镜子的魔力

镜子这东西很奇妙。蒂莫西（Timothy）和丽贝卡（Rebecca）去一个派对做客，在这个派对上每人身上都有写着自己名字的标签。

丽贝卡：这个镜子好奇怪啊，蒂姆，你看，镜子把我的名字弄反了，可你的名字却一点儿也没变！

镜子似乎只使左右颠倒，它为何不使上下颠倒呢？这难道不是很奇怪吗？

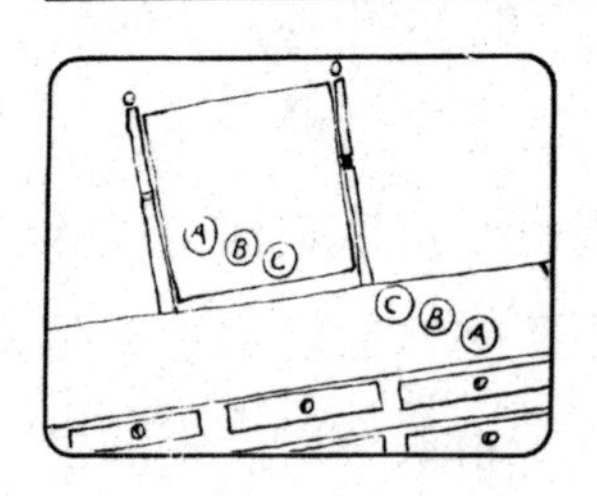

实际上，镜子只是将直线上与镜面垂直的各点反射出来。这三个球正好位于与镜面成角度的直线上，所以在镜中像里，它们的顺序是颠倒的。

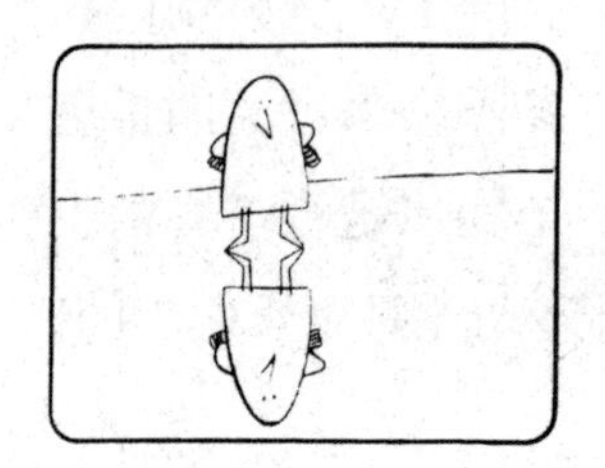

如果你站在镜子做的地板上，你身体的上下轴线垂直于镜面，所以在镜子里，你的前面还是前面，左面还是左面，但是你上下身颠倒了。

如果你侧身对着镜子站立，你身体的左一右轴线垂直于镜面，现在在镜子里你的头还是在上方，前面还是在前面，但是你的左右是颠倒的。

当你面对镜子时，你的头在上面，左面还在左面，你只是前后颠倒了。如果你走到镜子后面转过身来，你的映像的左手正好与实际上相反，因此我们说镜子颠倒了左右。

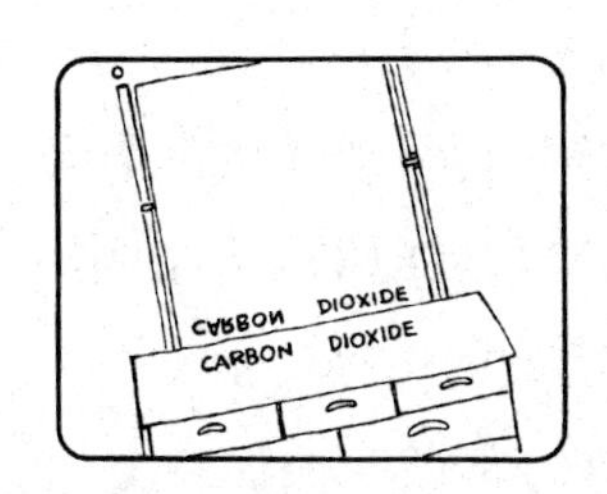

为什么镜子只颠倒了“CARBON”而没有颠倒“DIOXIDE”？实际上不是这样。“DIOXIDE”的所有字母也被颠倒了，但是因为他们是对称的，所以颠倒之后看起来跟原来一样。

你能猜出如果两个镜面成直角放在一块会发生什么吗？它们会形成一个没有颠倒的映像。丽贝卡看到的镜子里的自己跟别人看到的她是一样的。

由于“TIMOTHY”这个单词的每个字母都有自己的垂直对称轴，所以其镜像没有颠倒。在“REBECCA”这个单词里只有字母A有垂直对称轴，因此在镜子里除了字母A外，其他的字母全都颠倒了。

为何镜子只使左右颠倒而不使上下颠倒呢？跟前面讲到的月球和硬币的悖论类似，也是语义问题。这个问题我们必须在“左”、

"右"、"颠倒"等词的意义上达成一致意见，否则，它依旧是个答案不得而知的语义问题。为了进一步弄清楚镜子的作用，你可以看一下我的著作《神奇的宇宙》的前三章。书中讲了许多关于镜面反射对称性的知识以及其在科学及日常生活中的应用。

跟 TIMOTHY 里的字母不同，DIOXIDE 中所有字母都有一条横对称轴，因此，当镜面放在单词的上边时，镜子中的所有字母都不变。在单词 CARBON 中，字母 C，B，O 在镜子里看上去没变也是因为它们有横对称轴。但是字母 A，R 和 N 由于没有此对称轴，它们镜中的映像就是上下颠倒的。

在此类的镜面反射中哪些英文单词不会改变呢？首先查看所有大写英文字母，尔后列出那些有横对称轴的大写字母。它们是 B，C，D，E，H，I，K，O，X 等。我们用这些字母可组成数百个诸如"CHOICE，COOKBOOK，ECHO，OBOE，ICEBOX，HIDE，DECIDED，CHOKED"等由四个以上字母组成的单词。

当你把两个小镜子成直角放在一起，这时你朝两镜面相交方向看去（要把角度调整到镜子里只有一张脸为止），你会看到自己的脸没有左右颠倒。当你眨左眼时，镜子里的你正如期望的那样不会眨右眼，而是眨左眼。你左右两侧脸的镜像互换了位置，因为你脸部的左右两侧各被每个镜面反射了一次，共反射两次的缘故。

此时你看到的镜子里的脸很可能会觉得怪怪的。因为平常镜子里的你都是左右颠倒的。虽然我们的脸部都有垂直对称轴，但是左边脸和右边脸很少彼此完全一样。当你看到镜子里的脸没有左右颠倒时，左边脸和右边脸的这些细微差异反射到镜面映像上也会有不可思议的差异，尽管你不能确切地说出差异在哪里。可这的确是世人所看到的你真实的模样。甚至此时你在镜子里的脸对于那些特别了解你的人来说也同样怪怪的。

有个不错的方法可以让你很好地理解双面镜的原理，那就是想象一下如果转动镜子使两个镜子相邻的边缘呈水平而不是垂直于地面时你会看到什么。两次反射会使你的脸部上下颠倒！这个颠倒的脸是镜像作用下水平颠倒的脸吗？不是，你的脸还是没有被水平颠倒。假如你眨左眼，那么镜子里你上下颠倒的脸还会眨右眼。

这些镜子的“把戏”详细介绍了变换几何学里对称和反射研究的知识。所有上面谈到的悖论都可以用初等变换理论来解释。

立方体与女士们

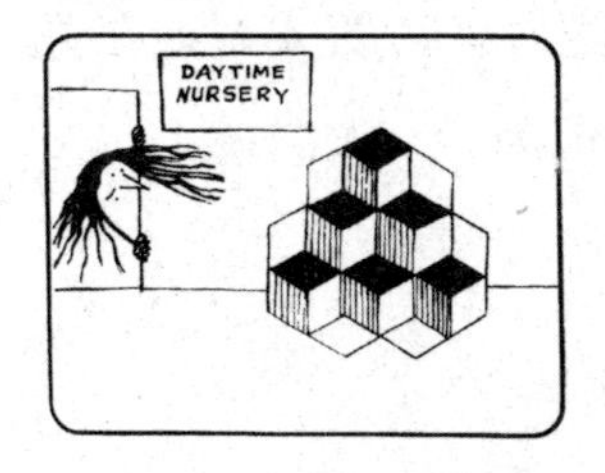

这幅画中你数出来的立方体是几个呢？6个？还是7个？

这些视觉错觉都是对看到的同样东西做不同解释的例子。在第一幅图中，我们将所见的平面图形视为一组小立方体的透视图；然而这幅图可用两种不同的方法来看，且每种解释都同样有道理。因此思维在这两者之间来回转换。

印象派画廊这幅画是一位年轻的女子吗？还是一个老太太？

这幅画中，你不是看到一位年轻女子，就是看到一位老太太，不可能哪个都看不出来。而且我们的思维会在这两者之间来回跳跃。

你在这幅画中看到了什么？一个小立方体立于房间的一角？一个小立方体贴附在一块大积木的外面？还是一块大积木的一个角上有个小立方形的洞？

第三幅画可有三种解释。对大多数人来说，最困难的一种是看出一块大积木的角上有一个小立方形的洞，因为这是不常见的。但是如果你一直盯着它看或者尽力去把这个小立方体想象成一个洞而不是一个立方体，你最终会用这么看这幅画。学着用这三种可能的方式来看这幅图与解释几何图形的能力有密切关系。在几何中，“看”错图形可能是产生困惑的主要原因。

兰迪不同寻常的小地毯

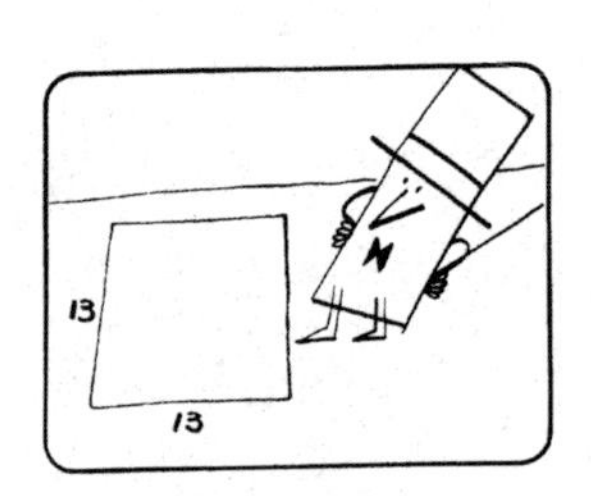

世界著名的魔术师兰迪先生有一个长宽都是 13 分米的小地毯。他想把它改成一个 8 分米宽、21 分米长的地毯。于是，他拿着小地毯去找地毯经销商奥马尔。

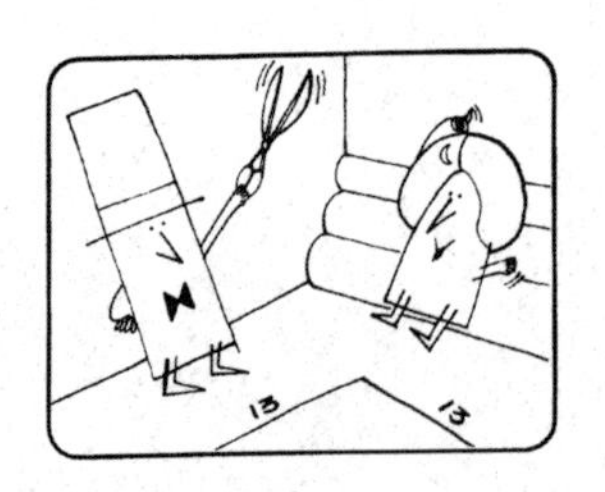

兰迪：奥马尔，我亲爱的朋友，我想请你帮我把这块小地毯分割成 4 片，然后把它们缝成 8 分米×21 分米大小的地毯。

奥马尔：抱歉，兰迪先生。你是个伟大的魔术师，但是你的算术太糟糕了。13 分米×13 分米是 169 平方分米，而 8 分米×21 分米是 168 平方分米。那是做不出来的。

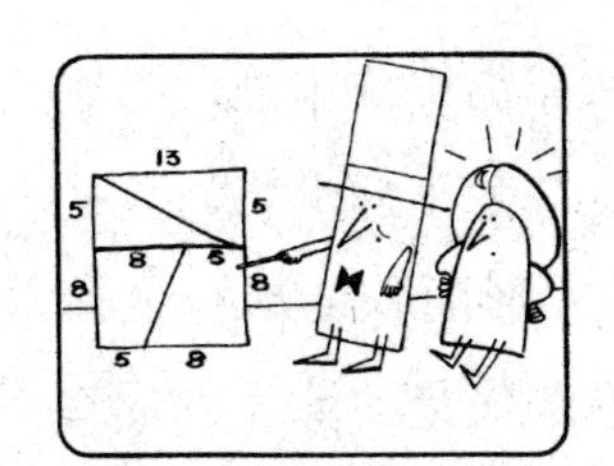

兰迪：亲爱的奥马尔，伟大的兰迪永远不会错的。像这样把这块小地毯分割成 4 片。

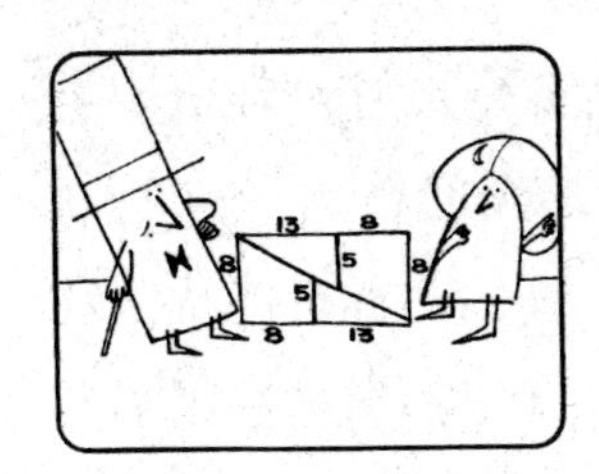

奥马尔按照兰迪画的尺寸，将地毯分割成 4 片。然后，兰迪把它们拼好，奥马尔重新缝成了一块 8 分米×21 分米的地毯。

奥马尔：我简直不敢相信！面积从 169 缩减到了 168 平方分米！减少的那 1 平方分米呢？

几个月以后，兰迪先生又拿来一个 12 分米×12 分米的正方形地毯。

兰迪：奥马尔，老伙计，我的电暖器倒了，结果把我的漂亮地毯烧破了。把它割开，再缝起来很容易就能把那个烧的洞去掉了。

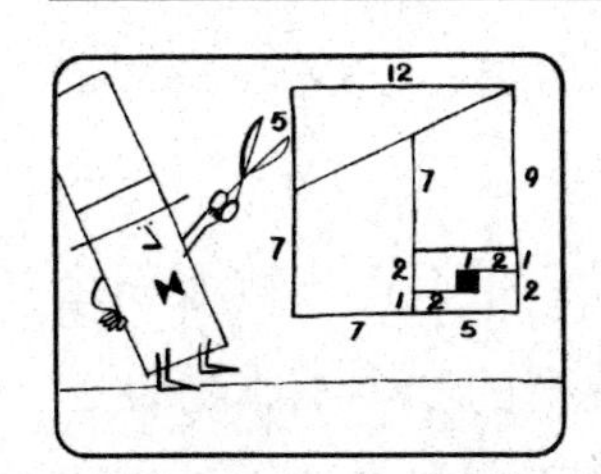

奥马尔尽管感到疑惑，但还是照着兰迪说的做了。把剪开的几块片缝在一起后，地毯还是 12 分米×12 分米那么大，但是洞没了！

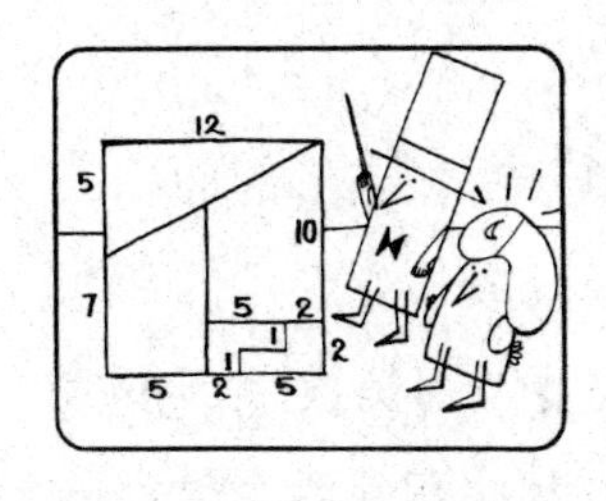

奥马尔：请你告诉我你是怎么做的啊？兰迪先生，填补洞的那块是哪来的啊？

这个经典悖论太令人吃惊、难以解释，值得我们花些时间在方格纸上画一个正方形，分割成 4 片，然后重新组合一下，拼成一个长方形。除非分割的纸片很大，画、剪得都极其精准，否则你很难注意到拼接成的长方形的主对角线上有微小的重叠。正是割片没有与对角线恰好吻合说明了这个正方形面积的减少的缘故。如果你怀疑重叠处的存在，一个证明方法就是计算长方形对角线的斜率并与割片的斜线的斜率进行比较。

如果在方格纸上画出这个长方形，分割成了 4 片，却拼成了一个正方形怎么办？你或许想调查研究一下这个问题。

这个经典悖论涉及 4 个长度：5，8，13 和 21。你可能认出这些数字是一个著名数列中的 4 项。你能给出这 4 项的递推法则吗？这个数列就是斐波那契数列。在斐波那契数列中，每一项都是前两项之和：1，1，2，3，5，8，13，21，34……

这个悖论的各个变量是基于斐波那契数列里的四个连续项的规律。在每一个案例中，你都会发现长方形与正方形的面积是不同的，但是长方形的面积有时候会比正方形多出来一点，有时候会少一点。下一步就是发现当少一点的时候是因为沿着长方形对角线处有一个菱形重叠，当多出来一点的时候是因为沿着长方形对角线处有一个菱形的空隙。

假定以斐波那契数列的四项为基础，我们是否可预测面积增加还是减少？这个悖论就说明了斐波那契数列的一个基本特性。这个数列当中的任何一个数字的乘方都等于相邻两个数字之积再加减 1。用公式来表达即：$t^2_n=(t_{n-1}\cdot t_{n+1})\pm 1$。

公式的左边表示正方形的面积，右边则表示长方形的面积。加减则表示这个数列的交替变化（即正方形变成长方形后的面积增加还是减少）。每一个位于数列奇数位上的斐波那契数字（例如，在以上斐波那契数列中的 2，5 或 13）的平方都比相邻两个数字的乘积大 1。相反，每一个位于偶数位的数字（例如，在以上斐波那契数列中的 3，8 或 21）的平方都比相邻两个数字的乘积小 1。一旦你明白了这点，就很容易预测一个特定的正方形变成长方形后面积是增加了还是减少了一个平方面积单位。

斐波那契数列是以 1，1 开始的，但“广义的斐波那契数列”可以从任何一对数字开始。你可以用其他的斐波那契数列来探究这个悖论的变量。例如，数列 2，4，6，10，16，26……会多出或少出 4 个平方单位。数列 3，4，7，11，18……会多出或少出 5 个平方单位。

用 a，b，c 来表示广义斐波那契数列中的任何三个连续的项，x 表示多出或少出的单位，我们可以得出两个公式：$a+b=c$，$b^2=ac\pm x$。

我们可以用我们想要的多出或少出的任何数字来代替 x，用我们想要的正方形的任何边长来代替 b。用这两个等式就可以同时算出 a 和 c 的值，尽管它们的值可能不是有理数。

那么正方形可以用这样的方式来切割吗？当这四个割片被重新组拼的时候，新拼成的正方形的面积恰好与原来的长方形相等。

要回答这个问题，我们使上面的两个公式中的，且用 a 表示 b，唯一的正解就是 $b=\frac{\left(1+\sqrt{5}\right)a}{2}$。

$\frac{1+\sqrt{5}}{2}$ 就是著名的黄金分割率，或 phi，书面写成 ϕ。这是一个无理数，等于……。换句话说，符合数列中某一项的平方一定等于它相邻的两个项的乘积的唯一一个斐波那契数列是 1，ϕ，ϕ^2，ϕ^3，ϕ^4……

用根式演算，我们可以证明它是一个真正的斐波那契数列，以上数列相当于 1，ϕ，$\phi+1$，$2\phi+1$，$3\phi+2$……

只有用上述数列中的连续数字的长度来切割正方形，我们才能得出正方形面积与长方形面积相等的这个悖论。至于黄金分割率以及它与正方形—长方形悖论的关系，详见我第二次在《科学美国人》杂志发表的《数学谜团和数学游戏》中有关黄金分割比率的那一章。

为什么两个全等正方形会有不同的面积呢？在兰迪的第二个小地毯悖论里，丢掉的面积就是实实在在的洞。与之前的悖论不同的是，两个图形的斜线上都完美地接合在一起。丢掉的一个平方单位的正方形是怎么回事？

要想找到答案，那就做两个没有洞的全等的正方形，做得越大越好。其中一个要很精确地裁剪，让剪开的小片重新组合成一个带洞的图形。把这个重新组合的正方形放在第一个正方形上面。如果顶部与两侧边都对齐了，你会发现第二个图形不是真正的正方形，而是一个比第一个正方形高 $\frac{1}{2}$ 分米的长方形。于是它的底部多出来的 $12\times\frac{1}{2}$ 的小条，其面积与地毯上的洞的面积相等。

这就解释了消失的一个单位正方形哪去了。但是为何正方形的高度增加了呢？秘密在于：剪下来的部分在直角三角形的斜边上的顶点不在格点上。知道了这一点，你就能够设计出很多种这样的正方形，这个正方形增加或减少的面积大于一个平方面积单位。

这个悖论叫做柯里正方形，是以它的发明者保罗·柯里——一名纽约业余魔术师命名的。柯里正方形有很多变量，三角形也是其中之一。要想了解更多关于柯里正方形和柯里三角形的知识，请见我的《数学、魔术和奇迹》一书的第八章和《科学美国人》杂志中的《数学游戏》的第十一章。

消失的小妖精

最有趣的悖论要数让一个人的画像消失这个悖论了。就拿《消失的小妖精之谜》这幅画来说吧，它是加拿大多伦多市的帕特·帕特森画的，版权归多伦多艾略特公司所有并由它出售。下面的图画重现了这个迷。为了不破坏这本书，可以先复印这幅画，然后把它沿着虚线剪开，剪出 3 个长方形。把上面的两个长方形交换位置后，这 15 个小妖精中，有一个消失得无影无踪！到底是哪个消失了呢？他去哪了，何时回来呢？

如果你想要购买此悖论的精装版（19 英尺长纸板彩色打印），那么按照当前的价格写信到以下地址：加拿大安大略省多伦多市阿德莱德西街 212 号，W.A.艾略特公司，邮编：M5H1W7。

消失人悖论用作广告的帮衬已经一个多世纪了。19 世纪 80 年代，美国谜题发明人萨姆·劳埃德做了一个环形画面，画面上有个中国武士，当圆盘转动时，就看不见这个武士了。此后，萨姆·劳埃德还出版过许多其他平面画面和环形画面。

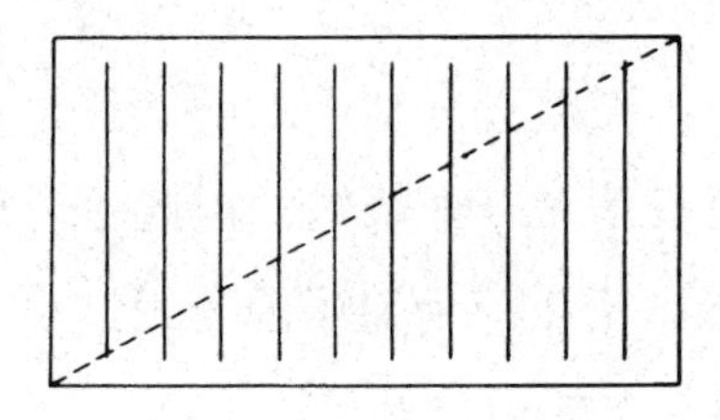

这个悖论的最好的解释方法就是在像下面的卡片上画 10 条平行线。

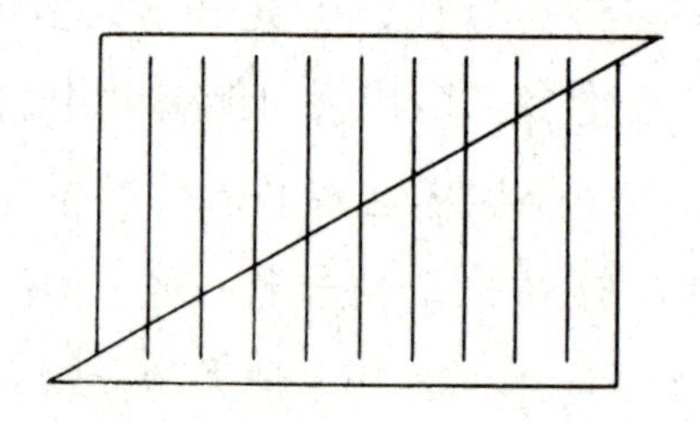

沿着虚线的部分将卡片裁开，然后将下半部向左下方滑动。

数一下这些直线。只有9条！到底原先的10条直线里的哪条消失了？问这个问题是无意义的。事实上原先的10条直线被分成了18份，这18部分又重新形成了另外9条直线。当然，这9条直线里的每条直线要比原先10条直线里的每条直线都要长1/9。当我们把下半部还原时，第10条直线又出现了，现在每条直线又比刚才9条时短了1/10。

确切地说，之前的消失的小妖精也是这么回事。15个小妖精时每个小妖精都比14个时矮1/15。我们之所以不能指出当调换两部分时消失的是哪个小妖精，是因为新形成的14个小妖精是一套完全不同的小妖精，每一个都比原先的高了1/14。关于这个悖论的长篇大论和其他与此类似的描述，请看我写的《数学，魔术和奇迹》一书的第7章。

一种古老的造伪币的方法也是基于这个悖论原理。（按照裁平行线的方法）将9张纸币切分为18份，然后重新组成10张纸币。但是，这样伪造的纸币很容易被识破，因为票面上表示币值的两个数字已不相匹配。美国所有纸币上的这两个数字位于相对的两端，但其中一个高些，另一个低些。由此可以很准确地识破这个伪造把戏。1968年，伦敦一个男子因为用这个方法伪造5英镑面值的纸币，而被判8年徒刑。

银行大骗局

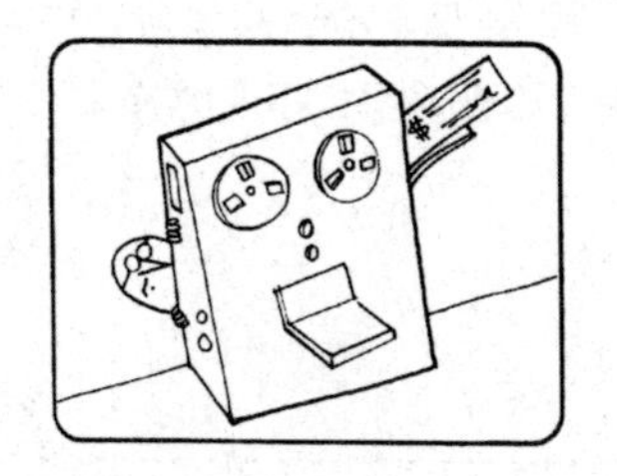

信不信由你，这些悖论跟那些行为不端的电脑程序员试图从大银行盗窃钱财所使用的方法有些共同之处。

贼：哥们，我简直是个天才！每月从银行窃取 500 美金，对我来说简直易如反掌！我只是命令电脑将每个户头的存款中的美分以下的零数全都舍去，而不是实行四舍五入。

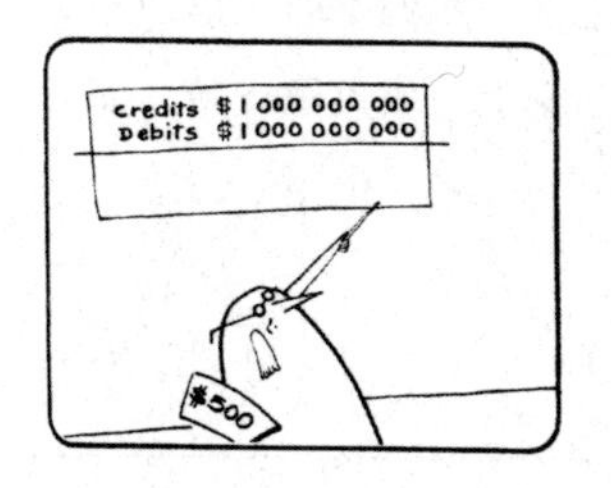

贼：这样每个户头每月只会损失半美分，而这么点儿钱谁也不会注意。但是银行有上千万的户头啊，损失总额却会高达 500 美金。每月电脑会将这笔钱打到我的秘密户头上而银行的账目总是平衡的！

“消失面”悖论是从多个地方各窃取一丁点儿来凑成一个可观的数量。兰迪的第一张地毯的 4 个割片被重新组合以后其对角线处有一小块不被人觉察到的重叠部分。第二张地毯在被切割及重新组合以后在长度上比原来略微短了一点。一个小妖精消失了后，其余小妖精比之前稍微高了一点儿，当那个贼的账户里出现了 500 美金之后，一些户头的账目里比他们应该得到的利息少了 1 美分。

油炸圈饼图形内外表面的神奇变幻

拓扑学被称为橡皮膜上的几何学，是由于它研究的是图形伸缩或扭曲时，性质保持不变的特性。

环面是一种有趣的形状，形似油炸圈饼。一个薄橡胶做成的中间有一个大孔的环面可以通过那个孔把环面的里面翻出来，你相信吗？这是可以的，只是有些困难。

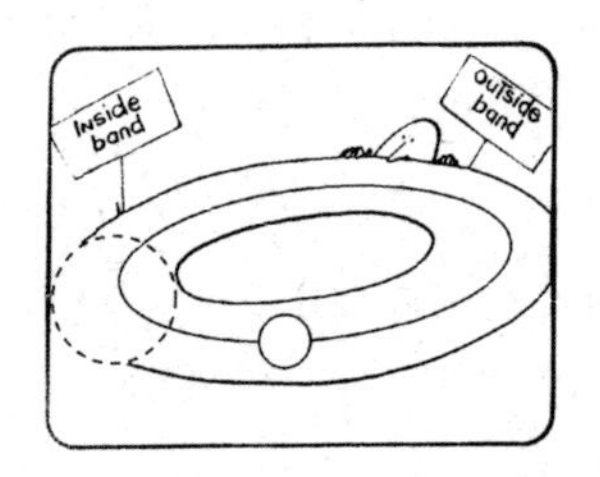

在翻转这个环面之前，我们不妨在里面贴上一块小橡皮带，在外面贴上一块大橡皮带，而且两个橡皮带不相连。

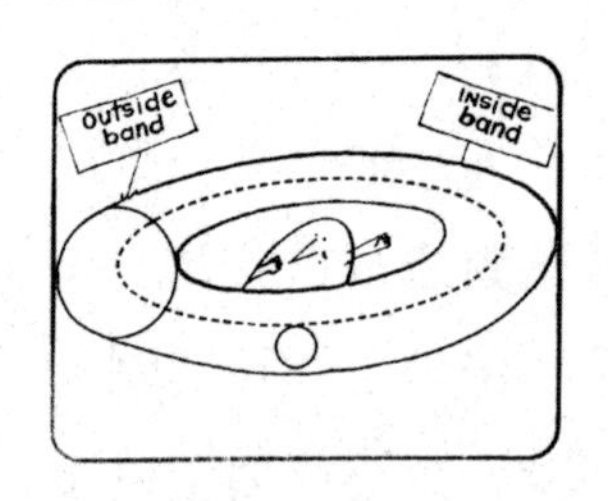

这就是环面翻转之后的样子。可是，现在两个有弹性的橡皮带连接在了一起。既然我们既没有切割又没有黏合，这两个橡皮带是不可能相连的。因此，肯定是哪里出了问题，可问题在哪呢？

环面确实能通过大孔把里面翻到外面来，但这并不能把两个橡皮带连接到一起。原因就是环面在由里往外翻的时候，橡皮带的位置改变了。在翻出来之后，那个小橡皮带被拉伸大了，大橡皮带却缩小了。因此两个橡皮带像之前一样并没有连接在一起。

这个悖论的关键在于艺术家故意画了我们期望看到的第二幅画而没有让我们看到事实。

环面的橡胶模型，如内胎，很难把它的里面通过孔翻到外面来，因为我们必须要很用力地拉橡胶。但是布料模型就很容易做到。把一块正方形的布从中间对折然后将对着的两边缝成管状。然后再反过来对折，再将边缘缝合在一起形成一个环面。放平之后它是一个正方形。为了在翻转过程中容易一些，在布的外层水平切割一个窄缝，就是所谓的“孔”。

透过这个“孔”将布料环面里面翻出来很容易。翻过来之后，不仅这个原先水平方向的“孔”变成了垂直方向的，而且布料的纹理转了 90 度，但它的形状保持不变。换句话说，原先环绕环面的线现在用另一种方式环绕它。为了展示纹理的转换是如何用来解释前述的两个橡皮带的转换，可以用两支签字笔分别绕着这个环面在不同的方向涂上不同的颜色的两个圆圈。当把环面里面翻出来时会发现两个圆圈已经改变了位置。

我们很难看清楚在翻转过程中环面是如何变形的。在 1950 年 1 月的《科学美国人》杂志上，由阿尔伯特·塔克（Albert Tucker）和赫伯特·贝利（Herbert Bailey）发表的《拓扑学》一文和生命科学图书馆的《数学》一书的第 179 页中，都可以找到有关翻转过程所有步骤的系列图示。

其他的关于环面的悖论还有很多。例如，当一个没有孔的环面跟一个有孔的环面连接到一块时，有孔的环面会“吞掉”无孔的环面，这样“无孔的”可以完全置于“有孔的”里面吗？答案是可以。看一下我在 1977 年 3 月《科学美国人》的专栏，你就会知道这是如何完成的。更多关于环面的悖论资料刊登于 1972 年 12 月（关于打结的环面）和 1979 年 12 月的《科学美国人》中的我的专栏里。

令人困惑的辫子

温迪打算买一个皮手镯。

在卢克的商店里她看到两个皮手镯，分别是由三条带做成，其中一个是辫状的，另外一个不是辫状的。

温迪：辫状手镯多少钱啊？

卢克：5 美元，太太。但是您来晚了，您要的那个已经卖出了。

温迪：哦，你们还有吗？

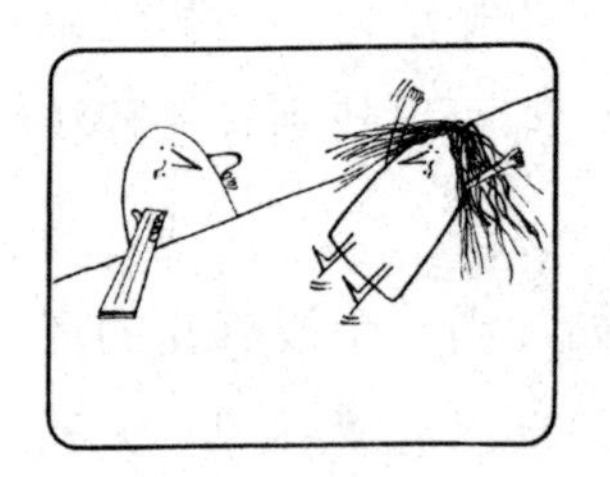

卢克：有，这个就是啊！

温迪：但是这个没有辫啊！

卢克：女士，我很高兴来为你做一个。

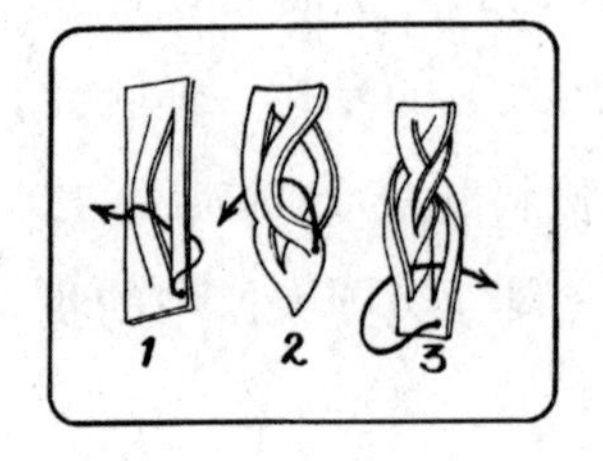

这看起来似乎不可能，卢克却用了 30 秒就编完了这个手镯，而且他丝毫没有切断任何一条带子。下面就是他编的方法。

神奇的是，尽管三条带子的两头始终都连接在一起，但依旧能编出有六个交叉点的辫子。换句话说就是，辫状手镯在拓扑学上与非辫状手镯是同胚的。下面图示了编辫子的步骤。如果带子再长一些，我们就可以重复这个步骤，只要带子足够长，就可以把辫子编到 6 的任意倍数个交叉点。要想用硬皮革来制作一个实用的手镯或是一个辫状腰带，首先要将皮革在热水中浸泡一下使之柔软后再编织。

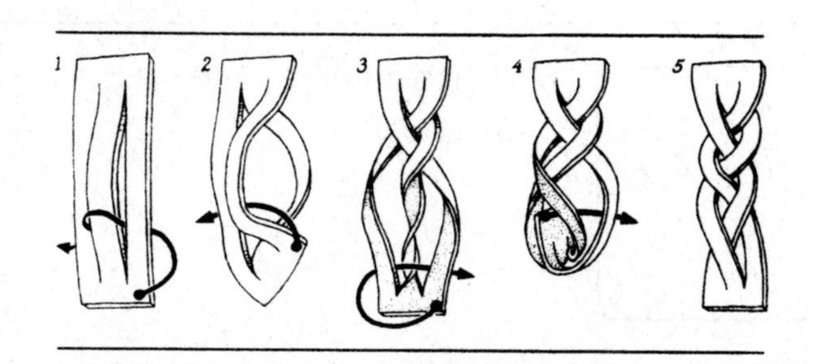

我们可以用三股以上的带子来编类似的辫子。更多的资料请参见 J.A.H.谢泼德的文章《用首尾相连的若干条带子编辫子》(《英国皇家学会会报》，A 辑，265 卷（1962），第 229-244 页)。

大多数人将这个手镯视为另一个拓扑奇迹，可实际上复杂多了。定居美国的著名德国数学家埃米尔·阿廷创立了辫子理论，其中用到了群论。因此，群里的“元素”就是那些“编织式样”，而“运算”是让一个式样紧随另一式样因而产生一个新式样的过程。“逆元素”则是指式样的镜像。辫子理论是为我们研究群论和变换理论提供了一个极好的起点。(阿廷发表在 1959 年 5 月的《数学教师》上的文章《辫子理论》一文详细介绍了“辫子理论”。)

不可绕开的点

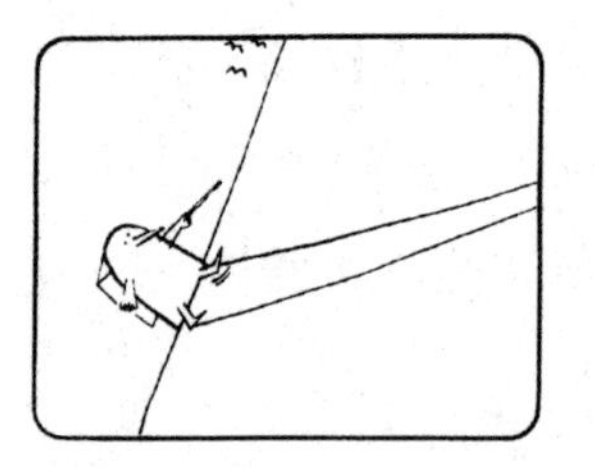

帕特沿着一条通往山顶的小路徒步向上走。他早上 7 点出发，当天晚上 7 点到达山顶。

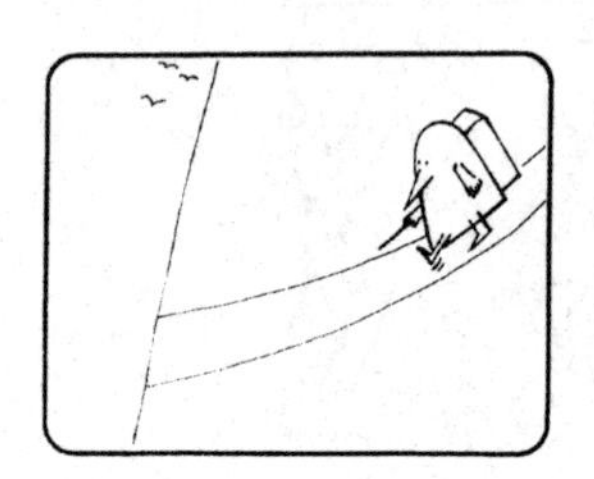

他在山顶冥想了一夜，第二天早上 7 点开始沿原路下山。

晚上 7 点他到达了山脚下，碰巧遇到了他的拓扑学老师——克莱茵夫人。

克莱茵：你好，帕特！今天你下山时与你昨天上山时在同一时间经过了某一点，你知道吗？

帕特：你在跟我开玩笑吧，不可能的事！我走的速度不一样，而且中间还停下来休息和吃东西呢！

但是克莱茵女士是正确的。

克莱茵：假设有另外一个你，在你上山时的同一时刻他开始下山。不管你们两个的进程如何，你们两个总会在小路的某个点相遇。

克莱茵：我们说不出你们具体在哪里相遇，但可以肯定会有这么一点。你和另外一个你会同时到达那个点。因此，在小路上肯定存在这么一点，就是你在上山、下山时会在同一刻经过的那一点。

如果我们把帕特经过的小路上的每一点所对应的上山与下山的时间配对，我们会得到一对相一致的时间。至少其中的一对时间是一样的。因此，帕特的这个故事为拓扑学上的“不动点定理”提供了一个很简单的例证。“不动点定理”的证明是“存在性的证明”。它只能证明存在一个不动点，并不能帮助我们找到这个不动点的位置。不动点定理对于拓扑学应用于数学和其他各门科学时起着极其重要的作用。

用一个浅盒子及一张纸，纸正好覆盖盒子底部，来演示不动点定理。想象一下，纸上的每一点正下方都有一个位于盒子底部的一点与之对应。拿起这张纸将它攥成球并扔回盒子里。拓扑学家已证明，不论纸被攥成什么样，也不论纸球落到盒子里的什么位置，纸球上肯定至少存在一点，这一点恰好处在它与盒底原来对应点的正上方。请参阅 R.柯朗和 H.罗宾著的《什么是数学？》一书中的“不动点定理”一节。

这个定理首先是由荷兰数学家 L.E.J.布劳维于 1912 年证明的，它有许多奇妙的应用。例如，他提出在任何一刻，地球上至少有一点没有风。同样它可以证明：地球上总是至少存在两个对跖点（由通过地球中心的直线相联结的两个点），它们拥有同样的温度和气压。用类似的定理可以证明如果一个球面被毛发完全覆盖，那么把毛发梳平是不可能的（在油炸圈饼上是可以做到的）。要想更好地了解关于此类定理的说明，请参阅 1966 年 1 月《科学美国人》杂志刊登的马文・辛布洛特（Marvin Shinbrot）的“不动点定理”。

不可能的对象

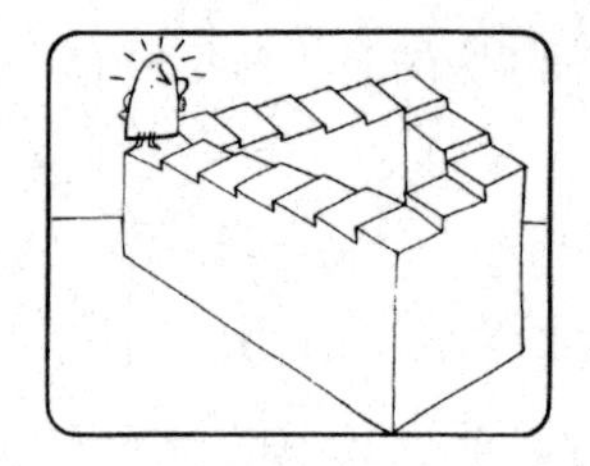

如果帕特对于之前的那个不动点感到很惊讶，那么这个楼梯会令他更惊讶。他可以永远顺着楼梯往上爬，但总是会回到出发点。

这位骑士的武器上有两个还是三个叉呢？

你能做一个这么酷的板条箱吗？

楼梯、武器，还有板条箱都被为“不可能的物体”或者“不能确定的图形”。这个“不可能楼梯”是由英国遗传学家 L.S.彭罗斯和他的儿子——数学家罗杰·彭罗斯发明的，后者于 1958 年首次把它公之于众。因此，这个楼梯也叫做“彭罗斯楼梯”。荷兰艺术家 M.C.埃舍尔对其超级迷恋，在他的石版画《上升与下降》中充分利用了“不可能楼梯”。

至于不知是两个还是三个叉的这个不可能的图形我们无法获知其出自何处。大约从 1964 年起，它开始在工程师等人中间流传。1965 年 3 月份《疯狂》杂志的一个封面画的是阿尔弗雷德·E.纽曼用他的食指顶着这些叉子使之保持平衡。

那个怪诞的板条箱的出处亦不可考。它出现在 M.C.埃舍尔的另外一幅画《望楼》的画面上。楼梯、武器和板条箱这三种“不可能的物体”说明，我们很容易被一些几何图形所困惑，认为一个几何图形代表一个实际存在的结构。实际上，这个结构在逻辑上是矛盾的，因而并不存在。这些物体与我们在第一章中讨论过的句子，如“这个句子是错误的”相类似，只是这些物体是看得见的。

无法确定的图形的其他例子可以参见我在《数学广场》中关于视觉错觉的一章以及日本艺术家安野光雅的绘画作品，尤其是《旅之字母表》和《旅之独特世界》两本书。

病态曲线

雪花曲线是另一个悖论图形，但并不是“不可能”曲线。我们以圣诞树的形状即一个等边三角形开始画雪花曲线。

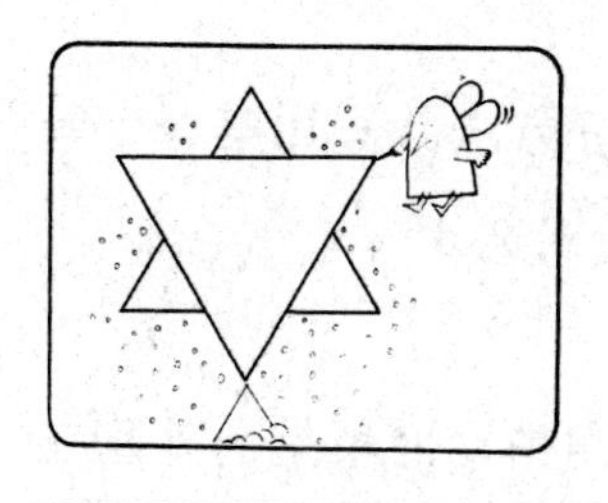

这位小天使在浅色三角形的每条边的中间 1/3 段画一个等边三角形，并画上阴影。这个小天使就画出了一个六角星。

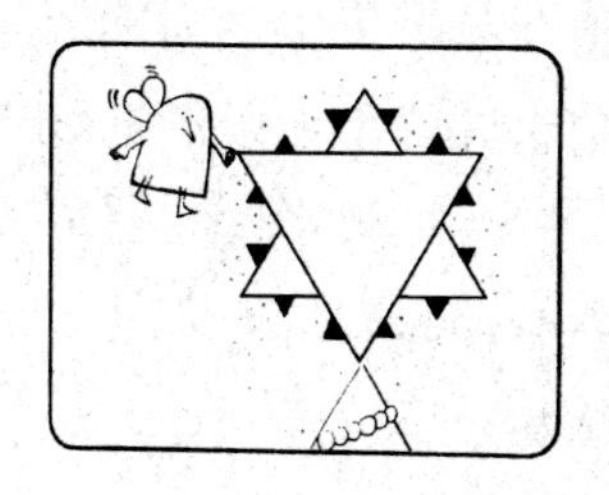

他在新画的六角星的每条边上按上面的方法重复画更小的等边三角形。曲线变长了而且图形开始看起来像雪花了。

接下来的重复使曲线更长更漂亮了。

以同样的方式继续画下去，你愿意曲线有多长，它就可以有多长。虽然它可以画在邮票上，但它的长度可以是从地球到最远的恒星那么长的距离。

雪花曲线是最漂亮的曲线之一，因为其悖论性而被称作病态曲线，这些曲线构成一个无限集合。在这种长度趋于无限的病态曲线中如果我们将雪花曲线无限制地画下去，那么曲线的极限长度是无限的，然而它总是围成一个有限的区域！换句话说，每一步做出的图形对应的曲线长度连在一起构成一个发散的数列；但曲线所围成的各个面积连在一起构成一个收敛的数列，其极限是原来三角形面积的 8/5 倍。此外，我们不可能确定极限曲线上任意点处的切线。

研究雪花曲线是巩固极限概念的一个好方法。假如第一个等边三角形的面积是 1，证明极限曲线所围面积是 8/5。

下面是一些相关的构造：

1. 反雪花曲线形状的结构是向里画三角形，而不是向外画三角形，同时将三角形的底线擦掉。第一步画的是汇集于一点的三个菱形，有点像螺旋桨的叶片。这也是一个长度趋于无限的曲线吗？它也围成一个有限的区域吗？

2. 如果你在其他多边形的基础上画，会怎样呢？

3. 研究一下在每条边上画多个多边形的效果。

4. 存在三维的类似雪花类曲线的结构吗？例如，如果在四面体的面上画四面体，那么这个有限的固体会产生无限大的表面积吗？它会围成一个有限的体积吗？

关于威廉· 高士泊（William Gosper）发现的称为“雪花”的悖论曲线，可以参看 1976 年 12 月《美国科学人》杂志上我的专栏里的关于病态曲线的部分。另外一种由贝诺·曼德伯（Benoit Mandelbrot）发现的引人注目的曲线刊登在 1978 年 2 月《美国科学人》杂志的封面上，同期在我的专栏里也有讨论。布罗特（曼德伯）的著作《大自然的分形几何学》里有更多与雪花有关的病态曲线的资料。

未知的宇宙

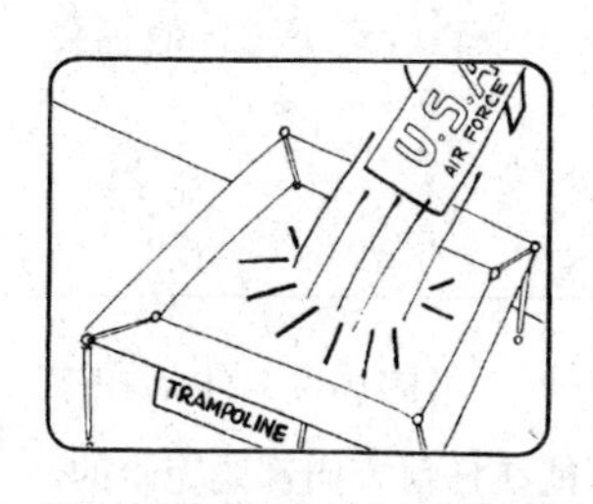

如果太空飞船点火升空后直线前进，那么它离地球会越来越远吗？爱因斯坦说，未必如此。它说不定会返回地球！

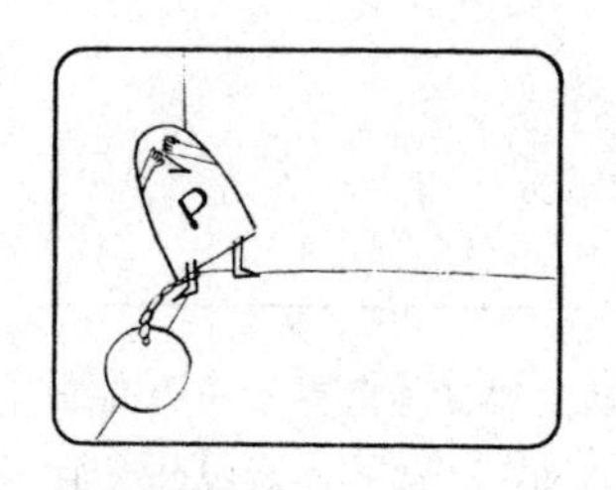

要想理解爱因斯坦的悖论，首先看一下这个可怜的“点世界”里的居民。他生活在一个点上。他的世界里没有维度。

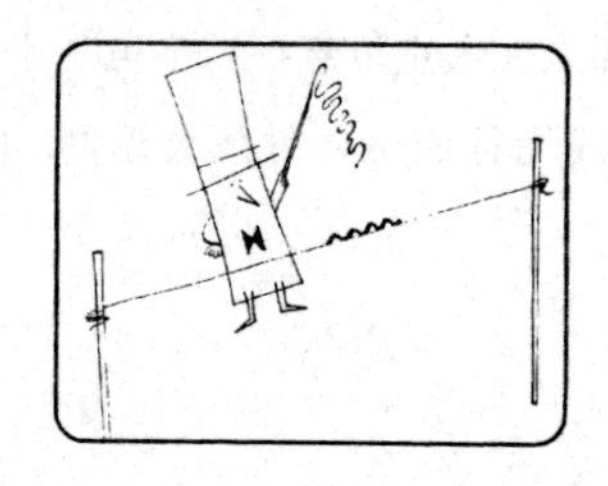

“线世界”里的居民生活在一维的线上，就像是一根绳索上的虫子，如果这根绳子是无限长的，那么它可以沿着绳子的两个方向之一无限爬下去。

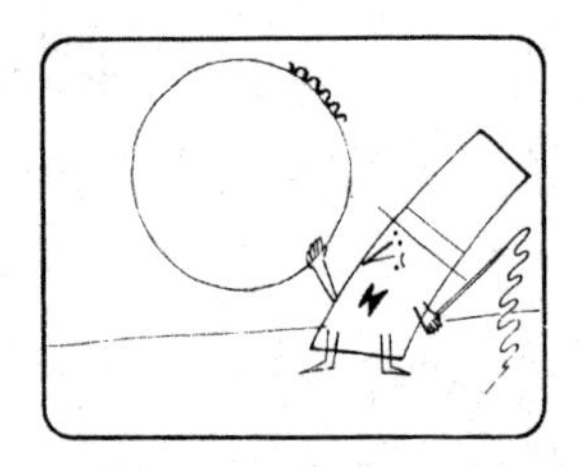

但是，如果这根绳子封闭成一个圆形，那么它就相当于一根没有边界但是长度有限的线。不论虫子沿着哪个方向爬，总会回到它原来的出发点。

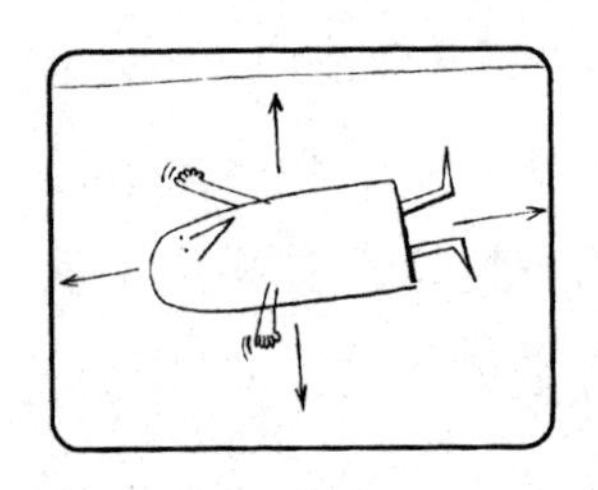

“面世界”里的居民生活在二维空间的面上。如果他的宇宙是个无限的平面，那么他可以沿着此平面的任何方向永远走下去。

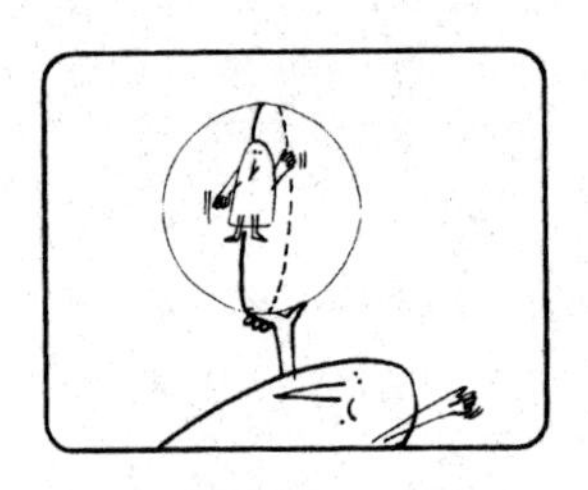

但是如果这个面就像个球面那样的封闭曲面，那么它就成为一个有限的、无边界的曲面了。如果他沿着任意方向的一条直线走下去，他也会回到出发点。

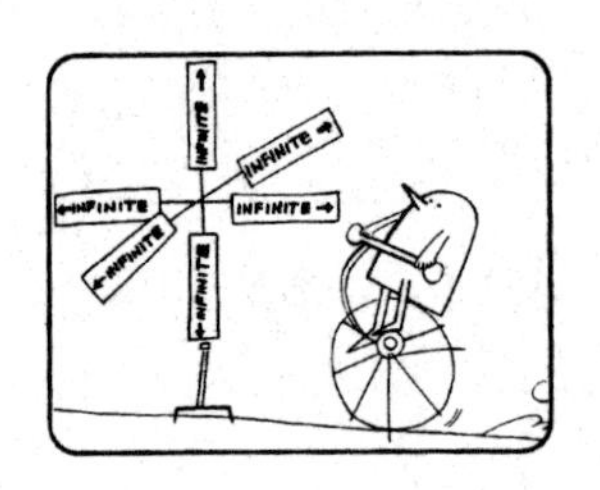

你和我是“立体世界”里的居民，生活在三维空间里。三维空间可能在任何方向都是无限的。

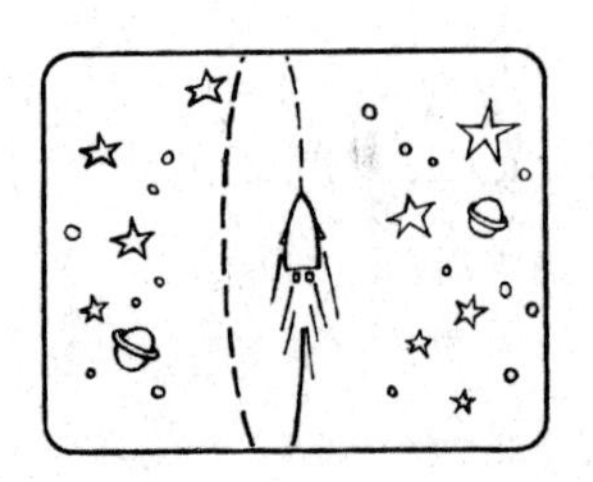

或者，爱因斯坦认为“立体世界”在更高维度的空间看，它是弯曲的，构成一个有限的、但是却无边界的宇宙。那么在太空里穿行的宇宙飞船沿着尽可能直的路线飞行的话，最终会返回地球。

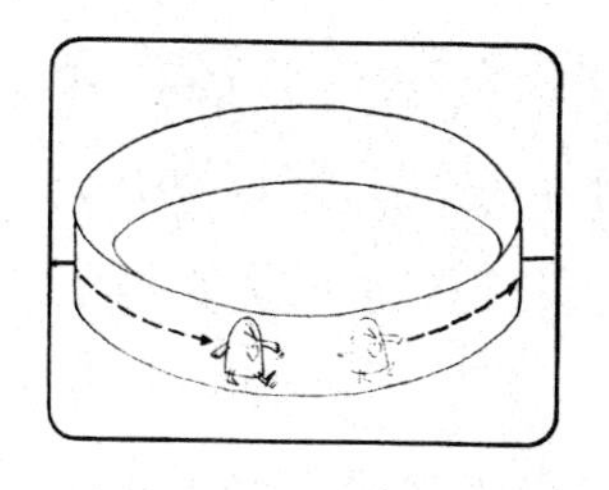

当一个二维世界的居民在球面上绕圈行走，他就像是在围着一个没有扭曲的闭合带子走。他的心脏在身体的某一侧，并始终处于同一侧。

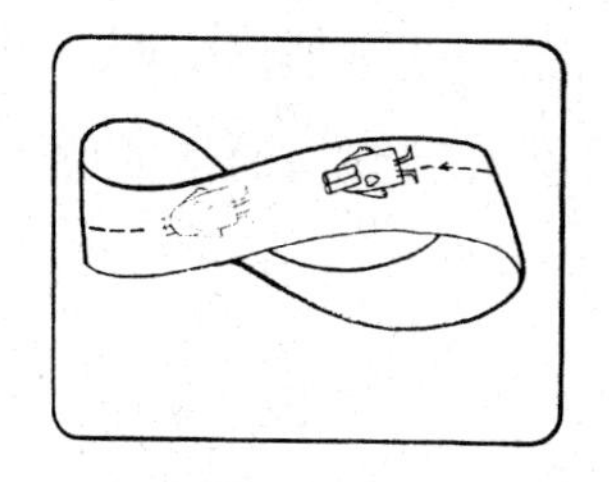

但是如果他绕着莫比乌斯带走的话，那么奇怪的事情就发生了。螺旋形的带子会翻转他的身体，因此当他返回的时候，心脏已移到身体另一侧！

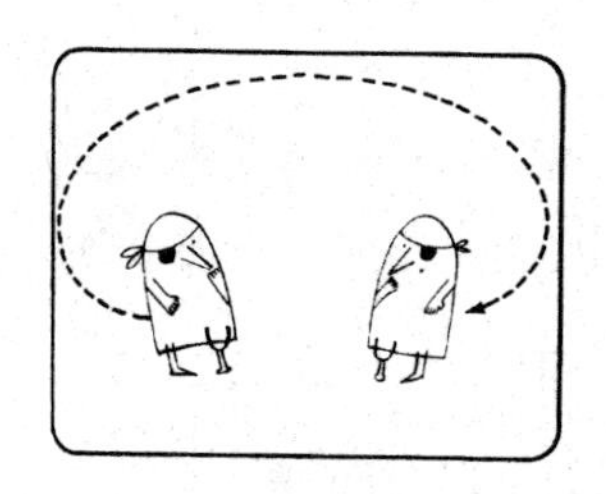

如果我们所处的三维空间是封闭的，那么它很可能会像莫比乌斯带那样呈螺旋形。如果一个宇航员在这样的宇宙里飞行一圈的话，他回来时就是倒立的。

宇航员不知道我们的宇宙如爱因斯坦所说的那样是封闭的，还是开放的。这要取决于宇宙里物质的数量。根据广义相对论的理论，物质在空间的存在导致空间的“弯曲”，“弯曲”的曲率随着物质的比例上升而增加。今天许多宇宙学家都认为宇宙中物质的数量还不足以产生足够大的曲率使空间封闭。但是这仍是个有争议的问题，因为宇宙里物质的性质和密度仍是未知数。宇宙中或许有很多“隐藏物质”可以自我封闭。（目前，人们怀疑中微子具有正静质量而不像以前人们认为具有零静质量）。

目前尚没有证据证明我们宇宙的空间像莫比乌斯带那样呈螺旋形，但是宇宙学家们喜欢发明不同的宇宙模型，其中一些模型太空呈螺旋形。要想理解二维世界的居民在绕完莫比乌斯带一圈后是如何“镜像翻转”的，认识到那个带子的厚度为零很重要。因为纸是有厚度的，所以莫比乌斯带表面的纸模型其实是立体的。我们必须假定真正的莫比乌斯带是没有厚度的。

画在莫比乌斯带上的平面图形就像是用墨水在纸上画图形，且墨水应经渗透纸到纸的另一面那样，因此图形是在带子的两面上而不只是在一个面上滑动的图形。它是“嵌入”到曲面上的图形。当它沿着带子绕完一圈时，就会以倒立的形式返回到出发点。当然了，沿着带子再绕一圈，它就会以非倒立的形式回到出发点。同样的道理，宇航员围着螺旋形的宇宙绕一圈，他会倒立着返回，而再绕一圈，他便会再次正立起来。

如果你对莫比乌斯带的悖论性感兴趣，你或许希望观察一下具有同样悖论性的其他两个曲面：克莱茵瓶和投影面。克莱茵瓶和投影面都是单面的，但是和莫比乌斯带不同的是，它们没有边。二者像球体表面一样是封闭的。克莱茵瓶跟莫比乌斯带密切相关，因为它可以切为两半，得到互为镜像的两个莫比乌斯带。二维世界的居民嵌在克莱茵瓶里或投射面上，绕着表面走的话就会出现自己的镜面反射。（参考《科学美国人数学游戏之六》一书的第 2 章）。关于二维世界里生命的经典著作有埃得温·A.艾博特著的《平地》，以及迪欧尼斯·伯格（Dionys Burger）所著的《球状陆地》的续篇。

你也可以读一下 H.G.威尔斯的《平面人的故事》（科学幻想故事 28 则）。这个科幻小说讲的是一个人在外层空间被翻转了，返回地球时，心脏已经在身体的右侧。

反物质

颠倒的宇航员感到一切正常，但是周围的世界在他眼里却是颠倒的。印刷字上下颠倒了。汽车也跑到了马路的另一边去行驶了。

许多物理学家相信反射过的物质会变成反物质。当反物质和正常物质相遇即归湮灭。这么说的话，我们颠倒的宇航员将永远不可能重返地球。颠倒的宇宙飞船一接触到大气层就会爆炸。

我们的宇宙包含反物质星系吗？我们周围有这样巨大的反物质宇宙吗？宇宙学家在今天也只能猜测这些问题的答案。

每个基本粒子有一个反粒子，这个反粒子除了电荷（如果存在的话）是颠倒的，其他特性有所不同以外，与粒子完全相同。许多物理学家认为反粒子只不过就是一个内在结构被镜面反射过的粒子。由反粒子所构成的物质被称为反物质。

当粒子与反粒子相遇时，彼此即归湮灭。我们的星系全部是由物质构成的，因此无论何时，而且无论在实验室里还是在星球内部，反粒子一旦被制造出来，只能存在一微秒，尔后便归湮灭。

许多宇宙学家认为宇宙只由物质构成，但少数几个宇宙学家认为存在宇宙包含反物质星系的这种可能性。从这些星系上发出的光很难与物质星系上的光相区分，因此很难得知到底有没有反物质星系。一些宇宙学家已经探测到，一旦发生极有可能引起宇宙演变的大爆炸，物质与反物质马上就会分别形成两个宇宙："宇宙"和"反宇宙"，它们互相排斥并且以极快的速度分离。

宇宙被分为两部分，一部分是另一部分的镜像。许多科幻小说和弗拉基米尔·纳博科夫的浪漫小说《阿达》的创作受这种宇宙观的影响很大。杨振宁的《基本粒子》、汉内斯·阿尔芬的《世界和反世界》和我的《灵巧的宇宙》中都有很多反物质及其相关话题的论述。

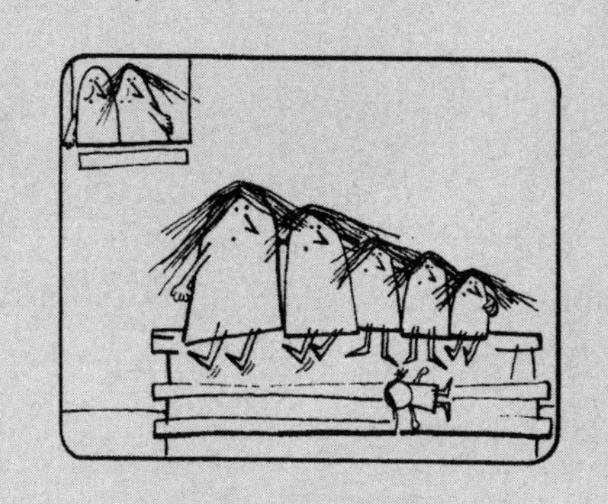

❹ 概率

关于机遇、打赌和信念的悖论

4 概　率

概率在每个科学领域——不仅在自然科学中，而且在生命科学和社会科学中，都是至关重要的。因此，可以有把握地预言，在未来的数年中，概率在小学数学教学中会越来越受到重视。约瑟夫·巴特勒主教和他的前人们（如西塞罗）曾说过，生活之路实质上取决于概率。每天从早到晚，我们都会对可能要发生的事情做出成千上万次无意识的选择。如果说量子力学是物理学的终结篇，那么纯粹的偶然性是构成自然界基本法则的基石。

在数学中，没有任何一个分支会像概率这样有这么多的例子表明凭直觉往往会得出错误的结论，正确的解答与常识相矛盾。当你走向电梯门的时候，你可能认为电梯第一次开门往上走的几率是50∶50。可是，这种想法通常是错误的。在一个有四个孩子的家庭里，你可能认为最有可能的情况是两个儿子、两个女儿，但是这也是错误的。

本章对有关概率的简单概念的介绍有助于你理解为何在掷骰子赌博中，为什么看起来有胜算的赌注实际上常常不遂人愿。推而广之，这些概念同样有助于我们理解为什么有些巧合看上去很惊人，而实际上，这一点我们要留到下一章来讲。

本章精选的一些悖论，不仅易于理解，而且许多可用硬币或扑克等易于找到的材料进行演示。本章尽可能地列出一切等可能的情况来解释悖论，尽管可以用概率更简便地解释问题，但用较笨的方法解决问题可以使你领悟问题的结构，其他方法无法做到这一点。

尽管从根本上说概率只有一种，但现在习惯上将概率分为至少三种：

1. 古典概率或者先验概率。在这里，我们假设每种结果具有同等可能。如果一个事件有 n 种同等可能的结果，你想要知道这 n 种可能结果中某个子事件 k 发生的概率，答案是 k/n。例如，一个掷出的骰子，形状方正，质地均匀，各点出现的机会相等。那么你掷出偶数点的机会是如何呢？在等概率的六个点（1, 2, 3, 4, 5, 6）里三个点是偶数（2, 4, 6），因此掷出偶数点的概率是 3/6＝1/2。换句话说，掷出偶数点和奇数点的几率是相等的。这是一个公平的赌注。

2. 频率概率或者统计概率。频率概率探讨的是假定具有不同发生概率的事件。我们最好重复或者多次观察这一事件，记录某种结果出现的频率。例如，一个骰子以一种不易觉察的方式被灌了铅。因此，你得掷这个骰子数百次。通过做记录得出，比如掷出 6 点的概率是 7/10，而不是人们所熟知的理想骰子的概率 1/6。

3. 归纳概率。归纳概率是科学家认为法则或理论应具备的可信度。自然科学知识的不足阻碍了找出正确的解决办法，实验或者观察太少或太模糊而不能作出正确的频率估算。例如，一位科学家在他所生活的时代的科学知识的基础上，考虑到了所有的相关证据，断言宇宙中极有可能存在黑洞。类似的概率估算，必然是不精确的，随着与这个假设相关的新的资料出现就会不断地得到修订和补充。

本章最后两个悖论都涉及归纳概率，第 5 章的最后两个悖论也涉及归纳概率。多读一些此类悖论，你就步入了现代概率理论和哲学中最深奥的部分。

赌徒的谬误

琼斯先生和太太有五个孩子，都是女儿。

琼斯太太：我多么希望我们下一个孩子不再是女孩啊！

琼斯先生：亲爱的，五个女孩了，这个肯定是个男孩。

他说的对吗？

许多玩轮盘赌的玩家认为，他们等轮盘转到很多次红色数字后，在黑色数字上做赌注，他们就能赢。这种玩法可行吗？

埃德加·爱伦·坡认为，如果你在一轮掷骰子中已掷出五次两点，那么你下一轮再掷出两点的概率低于1/6。他说的对吗？

如果你对以上任何一个问题的答案是肯定的话，那么你就陷入了所谓“赌徒的谬误”陷阱。在上述的每一种情况中下一个事件与之前所有的事件之间毫无关系。

琼斯先生和琼斯太太的第六个孩子是女孩的概率和第一个孩子是女孩的概率都是1/2。轮盘赌的下一个赌数是红色的概率跟之前数字是红色的概率都是1/2。掷骰子时，下一次掷出两点的概率仍然是1/6。

为了更清楚地说明这个悖论，假定琼斯先生连续五次掷一枚质地均匀的硬币，每次都是正面朝上，那么他下次掷时，正面朝上的概率还是一样的，都是50∶50。硬币可不记得它之前是怎么蹦的啊。

如果事件A的结果影响到事件B，那么我们说B“取决于”A。例如，你明天穿雨衣的概率取决于明天下雨的概率，或者（更直接地）取决于你估计明天下雨的概率。日常用语说的“彼此不相关”的事件被称为“独立”事件。你明天穿雨衣的概率跟明天美国总统早饭吃鸡蛋的概率无关。

一个独立事件发生的概率无论如何都不会因跟同类的其他独立事件接近而受到影响，这对许多人来说都难以置信。例如，第一次世界大战期间，前线的战士寻找新的弹坑藏身。他们确信旧弹坑很危险，因为新炮弹命中旧弹坑的可能性较大。两枚炮弹一个接一个地落在同一个地方似乎不太可能，由此他们推断新弹坑在一段时间内还是比较安全的。

许多年前，我听人讲了一个故事。这个故事讲的是一个经常乘飞机旅行的人。他害怕或许哪一天会有乘客携带隐藏的炸弹上飞机。于是，他就总是在自己的公文包里带一枚自己卸了火药的炸弹。他知道飞机上不太可能有一位携带炸弹的乘客，因此他推断，飞机上有两位携带炸弹的乘客的可能性会更小。当然了，他自己携带炸弹对于有没有另外一名乘客携带炸弹的概率没有影响。同样，掷一枚硬币不会影响到掷另外一枚硬币。

所有轮盘赌博中最受欢迎的是达朗伯轮盘赌，其原理正是“赌徒的谬误”，玩家没有意识到独立事件的独立性。玩家赌红色或者黑色（或下任何其他对等赌金的赌注），每赌输一次就下更大的赌注，每赌赢一次就减少赌注。玩家假定，小小的象牙球让他赢了，那么它总会“记住”，不太可能让他赢下一次。小球让他输了的话，它会感到抱歉，那么在下一次盘子转动时更有可能帮他赢。

只要轮盘赌轮盘没有被做过手脚，那么它每一次转动和之前所有的转动都没有关系。这一事实提供了一个很简单的证明：任何轮盘赌都不会让玩家在赌场占优势。“几率”这个词有两层意思。一枚质地均匀的硬币落地时正反面朝上的几率是均等的，或者 1:1（或者 5:5）。但是你用 5 美元赌硬币正面朝上，很想赚钱的赌注登记经纪人会付给你4美元。他说“正面朝上的几率是4:5”。也就是说，他付出的比按照正确的概率计算得出的数目少些。约翰·斯卡恩在他的《赌博大全》一书中写道：

“如果你以小于正确几率下赌注，在任何一个有组织的赌场你总得这么做，你就需为你的下赌权按百分比支付庄家一定的费用。你赌赢的机会就如数学家所说的是“负期望值”。当你使用一种赌博系统下多次赌注，其中每一个赌注都有一个“负期望值”。多个负期望值相加不会得出一个正期望值……”

埃德加·爱伦·坡的骰子笑话来自其侦探小说《玛莉·罗杰命案》的后记。一粒骰子就像一枚硬币、一个赌盘或者任何其他可做随意排列的物体一样，都会产生一系列独立事件。这些独立事件无论如何都不会受其过去状态的影响。

你若相信某种赌徒谬误，那你可以模拟一个根据赌徒谬误的真实赌博进行一番验证。例如，你反复掷一枚硬币，当同一面显示三次时，你就用扑克牌作筹码赌，几率均等。你总赌硬币显示的相反的那一面。换句话说，如果三次显示正面，就赌硬币的反面，三次反面，就赌正面。最后，比如说赌了50次，筹码数不可能正好与开始时的筹码数一样多，但应该是接近的。当然，正面或者反面的概率是相等的。

四只小猫

计算概率容易出错。这里是在一起生活的两只猫。

猫先生：亲爱的，我们又生了多少只小猫啊？

猫太太：你自己不会数啊，四个嘛，大笨蛋。

猫先生：几个男孩啊？

猫太太：难说，我也不知道啊。

猫先生：四个都是男孩的可能性不大。

猫太太：也不可能都是女孩。

猫先生：或许就只有一个男孩啊。

猫太太：或许就一个女孩啊。

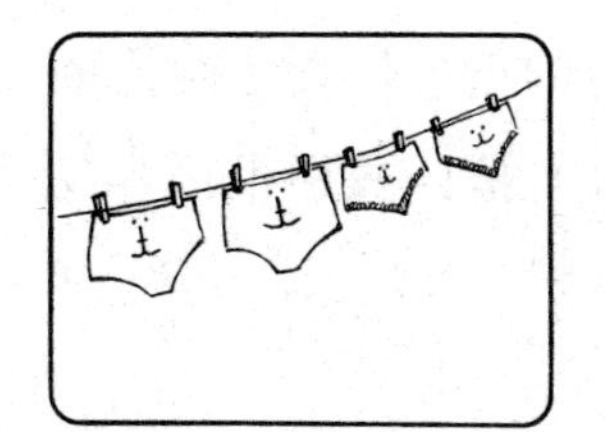

猫先生：没那么难分，每个小猫是男或女的概率是 50/50，因此最有可能的结果是两男两女。你给他们取好名字了吗？

猫先生作出正确推理了吗？让我们来验证一下。用 B 代表男，A 代表女，列出具有同等可能性的 16 种情况。

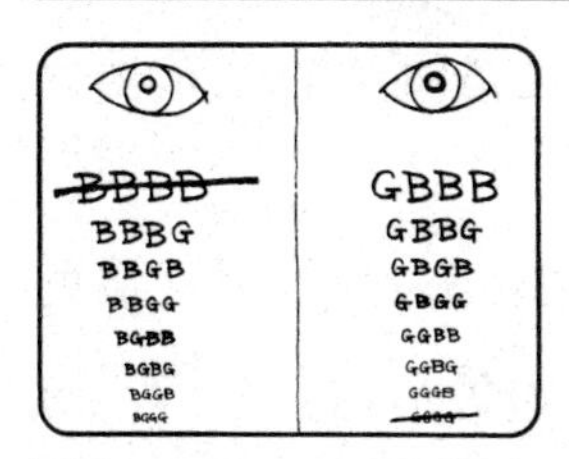

16 种情况中只有 2 种情况是 4 个小猫全是一种性别。因此这种情况的概率是 2/16，就是 1/8。猫先生认为这种情况的概率很低。

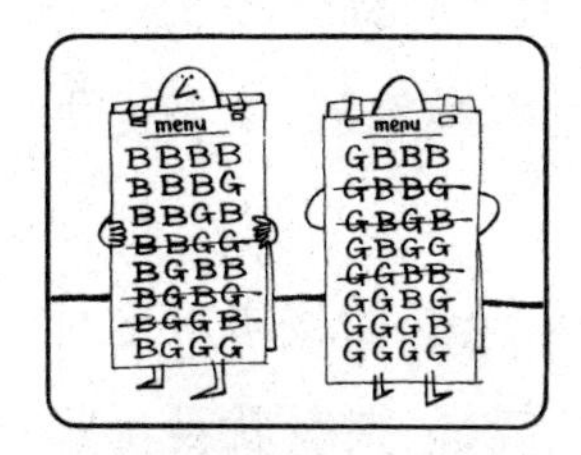

现在我们来看看猫先生认为最有可能的性别比为 2:2。它出现了 6 次。因此概率是 6/16，即 3/8。这肯定要比 1/8 的概率高，因此猫先生或许是正确的。

但我们还可以考虑另外一种可能性：即性别比为 3:1。因为这种情况出现 8 次，概率是 8/16，也就是 1/2。这要比性别比 2:2 的概率还要高。我们是不是搞错了？

如果我们算出的概率是对的，那么它们相加应等于 1。果然是 1。这就说明，这三种性别比中肯定有一种概率最高。猫先生猜错了。最有可能性的性别比是 3:1，而不是 2:2。

一家四个孩子中三男一女或者三女一男的可能性要比两男两女的可能性大，这让大多数人感到惊讶。反复掷四枚硬币很容易验证这个性别比。记录下每次掷的结果。掷一百次之后，大约 50 次性别比是 3:1，而 33 次性别比是 2:2。

你或许对有五个孩子或六个孩子的家庭的孩子性别组合感兴趣。通过列出所有的组合方式就能找到答案，但这太繁杂了，你会发现使用概率书中的更简洁的方法比较容易找到答案。

答案同样是反直觉的类似问题：一手桥牌中 4 种花色的最可能分布。当然最不可能的情形自然是拿到同一花色的 13 张牌。(你拿到这手牌的几率是 1/158753389899)。但是最可能的分布是什么呢？

就连老练的桥牌手往往猜答案是 4，3，3，3。这不对。最可能的一手牌是 4，4，3，2。你每五局会拿到一次 4，4，3，2，而每九局或十局拿到一次 4，3，3，3。甚至每六局会有一次 5，3，3，2。看一下奥斯瓦德·雅各比写的《如何计算概率》，此书提供了所有可能的桥牌花色分布概率表。

在报纸上，你偶尔会看到某人摸到了一副全牌的故事。这种概率实在是太离谱了，因此它差不多是在愚弄人。要么就是玩牌的人中有人在搞鬼，他偷偷摆好了牌。要不然，就是开了一副新牌而有人无意将牌彻底洗了两次。彻底洗牌就是把一副牌严格对半分，然后将两边的牌一张一张地交叠。新纸牌的四种花色是分开的。两次彻底洗牌之后，再任意切牌，这样一副纸牌就能发出四手全牌。

三牌骗局

在许多赌博游戏中，相信自己对概率的直觉是极其糟糕的。三张牌和一顶帽子这个简单的赌博游戏可以证明这一点。

镜面反射很容易看到三张纸牌的花色。第一张牌两面都是黑桃，最后一张两面都是方块，中间一张一面黑桃一面方块。

庄家把这三张牌放在帽子里晃动，让你任取一张，放在桌子上。然后，他以同额赌金赌这张牌下面花色跟上面花色一样。假如你选的那张的上面花色是方块。

庄家为了哄骗你相信游戏是公平的，断言这张牌的花色不可能两面都是黑桃，因此，它要么一面方块一面黑桃，要么两面都是方块。此牌下面花色可能是黑桃，也可能是方块，因此你和庄家赢的机会是同等的。

如果这个游戏是公平的，庄家怎么会很快就赚走你的钱呢？他的论证是不可信的。实际的几率是 2/1，对他有利。

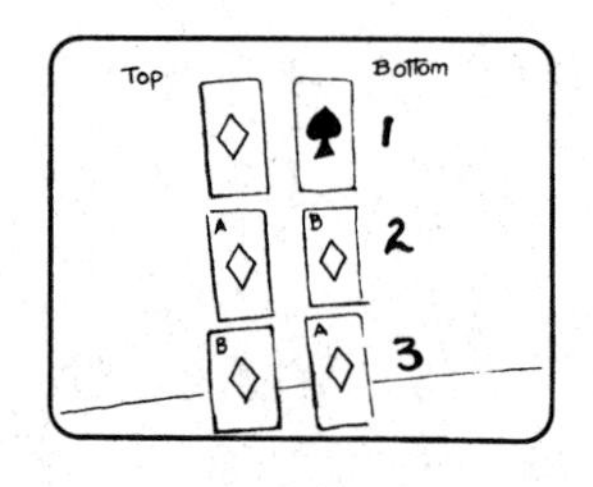

庄家的骗局在于等可能的情况有 3 种而不是 2 种。你抽的牌可能是黑桃—方块；或者方块—方块，A 面朝上；抑或是方块—方块，B 面朝上。两面花色一样有两种情况。因此，最终庄家在三次游戏中赢两次。

这类纸牌赌博游戏是由著名数学家、信息论的创立者之一沃伦·韦弗设计的。他在 1950 年 10 月期的《科学美国人》中的《概率》一文中介绍过这类游戏。

以上是对这类游戏的真正的可能性的一种解释。这里还有另一种解释。有三张牌，其中两张的正反面有相同的花色。你从帽子里随机拿一张牌，那么你拿到两张牌里的一个的概率是 2/3。因此，你所选择的那张牌正反面花色相同的概率是 2/3。

这个纸牌赌博游戏是称为贝特朗盒悖论的翻版，因为法国数学家贝特朗在 1889 年发表的关于概率一书里就提到过。贝特朗设想有三个盒子，一个盒里有两枚金币，一个盒有两枚银币，另外一个盒里有一枚金币、一枚银币。随机抽取一个盒子。显然这个盒子里有两个相同硬币的概率是 2/3。

但是，如果我们从这个盒子里拿出一枚硬币，是金币。这就是说，这个盒子里不可能有两枚银币。因此，这个盒子肯定是有两枚金币，或者有一枚金币、一枚银币。既然这两个盒子任何一个被选中的机会相等。看起来似乎我们拿到有相同硬币的盒子的概率降到了 1/2。如果我们拿出的是银币，也是同样的道理。

看了看盒子里的一枚硬币，怎么就改变了盒子装有相同硬币的概率呢？显然这是不可能的。

下面是一个相关的悖论。你抛 3 枚硬币，它们落地后完全一致的概率是多少呢？ 3 枚硬币中至少 2 枚是一样的。第 3 枚硬币可能与这两枚相同，也可能不同。由于第 3 枚出现这两种情况的机会均等，故它与另外两枚硬币可能一致，也可能不一致。因此，三枚硬币一致的概率是 1/2。

我们列出八种可能的情况，可以证明上述推论是错误的：

看得出来，只有两种情况三枚硬币是一样的。因此正确的概率应是 2/8=1/4。

另外一个令人困惑的小悖论，同样是没能考虑到所有可能的情况而引起的。说的是一个男孩有一个玻璃球，一个女孩有两个玻璃球。他们朝地上的一根树桩弹手中的玻璃球。玻璃球最接近树桩者胜。假设男孩跟女孩技巧相当，而且测量准确，不会引起纠纷。那么女孩获胜的概率是多少呢？

论点 1：女孩弹两个玻璃球，男孩只弹一个，所以女孩赢的概率是 2/3。

论点 2：假如女孩的两个球分别叫做 A 和 B，男孩的球叫做 C。那么有四种可能的结果：

1. A 球和 B 球都比 C 球更靠近树桩。

2.只有 A 球比 C 球接近树桩。

3.只有 B 球比 C 球接近树桩。

4. C 球比 A 球和 B 球都接近树桩。

在四种情况里有三种女孩会赢，因此她赢的概率是 3/4。

哪个论点正确呢？为了解决这个问题，我们列出了全部可能的六种情况，而不是四种。按三个球接近树桩的次序，使最近者在前，小球的排序如下：

A，B，C

A，C，B

B，A，C

B，C，A

C，A，B

C，B，A

在六种情形里有四次是女孩赢。这就证明了第一个论点对：女孩赢的概率是 4/6，也就是 2/3。

电梯悖论

人们乘坐电梯时，往往被另一个奇怪的概率悖论所困扰。我们假定在这幢大楼，电梯独立运行，而且在每层楼停留的时间均等。

高先生的办公室在接近顶层的楼层，他很生气。

高先生：见鬼，在这儿停下的第一部电梯都是向上走的。总是这样！

高先生：或许他们是在地下室安装电梯，然后用直升机把它们从楼顶运走。

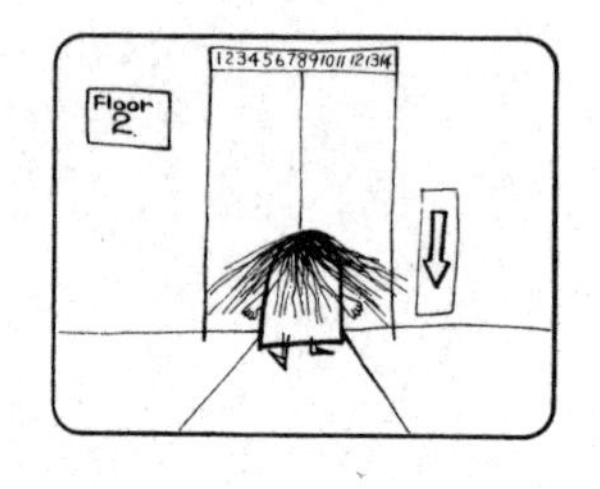

矮小姐在接近底层的办公室工作。她每天都去顶层的餐厅吃饭。她也很生气。

矮小姐：我真是搞不懂啊。每次我等电梯，第一部到来的电梯多数是要向下走的。

矮小姐：他们肯定是把电梯带到楼顶然后又将它送回地下室储藏。

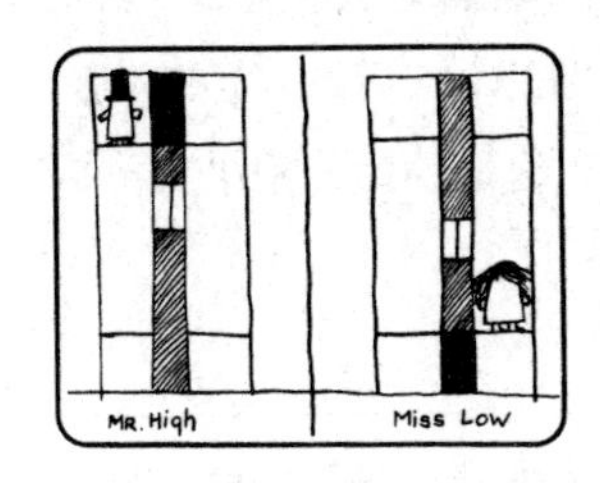

一个简单的图示就能解开这个秘密。对于高先生来说，只有在电梯柱涂黑部分的电梯是下降的。涂黑部分比阴影部分小。因此，电梯从他那层楼向下比往上运行的概率要高得多。同样的道理，矮小姐的情况正好相反。

电梯悖论首次出现在美国物理学家乔治·伽莫夫和他的朋友马文·斯特恩写的《趣题数学》一书。用一部电梯解释这个悖论，他们犯了一个小错误。他们认为，如果电梯有两部或更多部时，概率“当然保持不变”。

斯坦福大学计算机科学家唐纳德·克努斯是第一个认识到这个错误的人。他在 1969 年 7 月的《娱乐数学日志》中写了一篇文章《伽莫夫和斯特恩的电梯问题》。他指出，当电梯数量增加时，在任何一层碰到电梯上楼和下楼的概率都接近 1/2。

这种情形在某种程度上比以前更加令人迷惑了。这意味着，当你在接近顶层的楼层等电梯，注意力集中在某个电梯门上，那么下一趟电梯上升的概率总是很高。但是如果不考虑自身位于哪层电梯间的话，下一趟电梯上升的机会总是很少。这个概率在电梯数目接近无限时会接近 1/2。停在接近底层的电梯往下走的概率也是如此。

当然，我们假定每部电梯的运行彼此无关，速度保持不变，并且停在每层的平均时间相同。如果电梯只有少数几部，那么概率稍有偏离。如果有 20 部，甚至更多部电梯，则对所有楼层来说，概率会非常接近 1/2，但顶层和底层除外。

困惑的女友

你听到过这个从来不能确定去看望哪个女友的男孩吗？一个女孩住在东边，另外一个在西边。每天他都在随机时间到达地铁站，乘坐第一趟地铁。

Next Train

Eastbound	Westbound
12:00	12:01
12:10	12:11
12:20	12:21

往东和往西的地铁都每隔十分钟一班。

一天晚上，住在东边的女孩说：

你平均十天里有九天来看我，好高兴啊！

另一天晚上，住在西边的女孩很生气，说：“为何我十天里才有一天能见到你啊？”

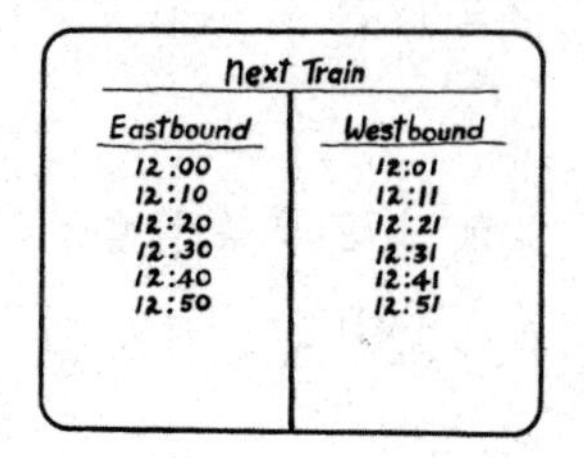

Next Train

Eastbound	Westbound
12:00	12:01
12:10	12:11
12:20	12:21
12:30	12:31
12:40	12:41
12:50	12:51

这个奇怪的事情就跟乘电梯一样。虽然两个方向的列车都是十分钟一班，但时刻表上却是西去的列车要比东去的晚一分钟到达和晚一分钟离开。

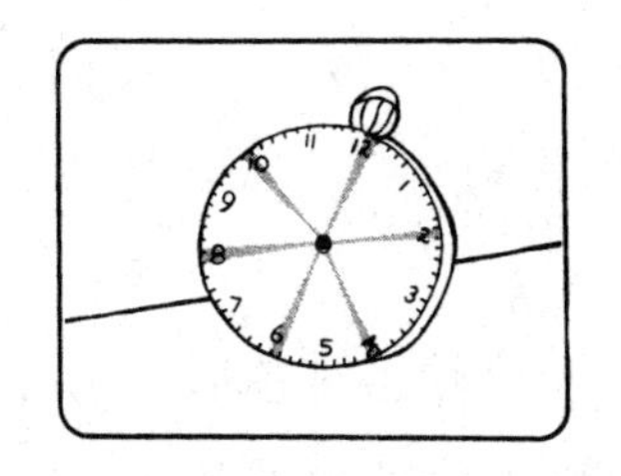

要赶上西去的列车，男孩必须要在时钟上阴影区里任何一个一分钟的间隔时间到达。要赶上东去的列车，他必须在空白区任何一个九分钟的间隔时间里到达。因此他西去的概率是 1/10，而东去的概率是 9/10。

在这个悖论里，列车之间的等待时间按照时刻表是固定的。在一系列随机事件里，两个不同事件之间的“平均等待时间”是通过把 n 个等待时间相加再除以 n 得到的。例如，男孩坐东去列车的平均等待时间是 4.5 分钟，而坐西去列车的平均等待时间是半分钟。

还有许多其他涉及等待时间的悖论。你或许会喜欢研究下面这个悖论。在你掷硬币时，正面（或反面）的平均等待时间是两次投掷。意思是说如果你多次投掷，数出出现两次正面之间的等待时间，那么平均等待时间是两次投掷（第一次正面不算，第二次包含在内）。

如果你掷了许多硬币，这些硬币形成了一个很长的纵排。在任意两个相邻的硬币之间任选一点（或许你可以闭上眼睛，在这个纵队中画条水平直线）。找出水平线上面和下面与其最靠近的正面，然后数一下中间隔了几枚硬币。如果你多次重复的话，那么得出的正面之间的平均间隔是多少呢？

凭直觉，答案好像是 2 个。实际上是 3 个。原因就跟男孩总能赶上东去的列车的原因一样。正面之间投掷的间隔有时长有时短。你随机画条水平线就跟男孩在随机时间到达地铁站的道理一样。间隔越长可能性越大。

下面是一个简单的例证，证明答案是 3 次。硬币不可能记得它之前是怎么落地的，因此无论你在哪里画水平线，正面出现的平均等待时间是两次投掷。如果我们将这个过程的时间倒转然后倒数的话，这个例证同样适用。因此，如果前后两个正面都算在内的话，出现两次正面的平均时间是2的2倍，或是4。因为我们已经规定这个间隔只包括一个正面，而不包括另一个正面，所以间隔是3次。

类似的轮盘赌的轮盘问题更令人吃惊。一个轮盘有包括0和00在内的38个数字。因此对于某个数字，例如7，平均等待是38转。但是，如果你给轮盘转动结果做一个长长的记录，并随机选择一个点的话，它选择从7到下一个的平均间隔时间是75次转动而不是38次。

三个贝壳的游戏

庄家：各位，快来。看看你能不能猜出哪个贝壳下面有豌豆。猜对的话，给你双倍的钱。

玩了一会儿之后，马克先生断定，他3次最多赢一次。

庄家：别走啊，马克。我便宜你一次。你随便选个贝壳，我再掀开一个空贝壳。那么豌豆肯定会在剩下的两个贝壳中的一个下面，这样你赢的机会就大一些了。

可怜的马克先生很快就输光了。他没意识到翻开一个空贝壳对他获胜的机会没有任何影响。你知道为什么吗？

在马克先生选好贝壳后，剩下的两个贝壳肯定会有一个是空的。庄家清楚自己把贝壳放哪了，所以他总能掀开一个空贝壳。因此他的这一动作对于马克先生做出正确的概率推算没有提供任何有效信息。

用一张黑桃 A 和两张红 A 就能来验证这一点。把三张牌洗一下，然后将它们正面朝下排成一行。让某人手指一张牌，那么他指的是黑桃 A 的概率是多少？很显然是 1/3。

现在，假定你偷看了两张牌，然后翻开一张红 A。你就可以像那个贝壳游戏的庄家一样作如下讨论：现在只有两张牌是朝下的。黑桃 A 就是两张中的一张。因此，黑桃 A 被抽到的概率似乎上升到了 1/2。实际上，依旧是 1/3。因为你总能翻开那张红 A，因此，翻开它根本不会增加任何影响概率的新信息。

你可以用下面变化了的形式来迷惑你朋友。你不用为了确保翻开一张红 A 偷看两张没有选定的牌，而是让某个人手指一张牌，翻开两张牌中的一张。如果翻开的是黑桃 A，那么这回就不算数，重新再玩一次，直到翻开的是红 A。这种玩法可以增加指定黑桃 A 的概率吗？

奇怪得很，这样概率的确提高到 1/2。下面的取样方法可看出其中的原因。把牌的位置分别标上 1，2，3。假定某人指出的牌是 2 号牌，然后翻开 3 号牌，3 号就是红 A。

下面是发 3 张牌的 6 种同等可能的方式：

如果第 3 张牌（翻转过的）是黑桃 A，这一盘就算无效。因此第 4，6 种情况不予考虑。我们将其作为可能的情况排除在外。在剩下的四种里（1，2，3，5）中，第 2 张牌（手指所指的那张）是黑桃就有两种情况。因此第 2 张牌是黑桃 A 的概率确实是 2/4，也就是 1/2。

不管那个人指定的是哪张牌，翻开的哪张是红 A，结果都一样。如果允许马克先生取出要翻开的贝壳，如果翻开的贝壳是空的，那么他获胜的概率将从 1/3 上升到 1/2。

鸟笼赌博

下次去游艺场，离骰子赌博远点儿！许多人认为不会输，而被哄骗去玩这种游戏。

骰盅里有 3 颗骰子。晃动骰盅，玩家在 1 到 6 任何一个数字上下赌注。如果骰子显示的是玩家下赌注的数字，他就赢了。玩家经常这么推理。

马克先生：如果用 1 个骰子来玩，我赌的数就在 6 次中出现 1 次。如果有 2 个骰子，我赌的数在 6 次中出现两次。有 3 个骰子的话，6 次中出现 3 次。机会均等。

马克先生：但我有更好的机会。如果我下 1 美元赌注，比如赌数字 5 吧。如果有 2 个骰子的点数是 5 的话，那我会赢 2 美元；如果 3 个骰子是 5 的话，我赢 3 美元。这个游戏肯定是对我有利！

玩家都这么想，赌场经营者会变成百万富翁就不足为奇了！为何骰子赌博会给赌场带来那么大的利润呢？

骰子赌博是在美国和其他海外很多赌场中常玩的游戏。在英国，这种赌博可追溯到 19 世纪初，当时称为“汗巾”，近来称为“鸟笼”。在英国和澳大利亚的会所里，都是用 3 个骰子来玩的，每个骰子上分别印有一个黑桃、一个方块、一个红心、一个梅花、一个王冠和一个锚的标记。因此骰子赌博称为“王冠和锚”。

在赌场里，经营者经常为招揽顾客而高声叫着：“每次三个赢家，三个输家。”给人的感觉就是这个游戏很公平。如果这个骰子总是显示 3 个不同的数字，这个游戏确实是很公平的。骰盅每晃动一次，庄家就会从 3 个输家手里收取 3 美元（假如一次赌一美元的话）支付给赢家 3 美元。对于老板来说，幸运的是，相同的数字总是在 2 个或 3 个骰子上出现。如果是在两个骰子上出现的话，他收进 4 美元，支出 3 美元，盈利 1 美元。如果出现在 3 个骰子上的话，他就收进 5 美元，支出 3 美元，盈利 2 美元。正是一对同点骰子和 3 个同点骰子使赌场老板赚了大钱。

通过公式来计算赌场的利润是骗人的把戏。最保险的方法就是全部列出 3 个骰子落下的 216 种方式。你会发现其中只有 120 种 3 个骰子都不同，90 种是有 2 个点数一样，6 种是 3 个点数都一样。假设这个赌博玩了 216 局，产生了 216 种结果。每次游戏，6 个玩家对 6 个不同的数各赌 1 美元。赌场老板会在赌博中共得到 216×\$6＝\$1296。

当 3 个骰子不同时，他共需支付 120×\$6＝\$720。当出现一对同点骰子时，他需付给 1 个点数的玩家 90×\$2＝\$180，付给有 2 个一样点数的玩家 90×\$3＝\$270。当 3 个骰子同点时，他支出 6×\$4＝\$24。这样，他总共支出 1 194 美元，净赚 102 美元。用 1 296 去除 102 得出来赌场利润是 7.8%。这就意味着，玩家每下赌注 1 美元，长远看来的话，他会输掉其中的大概 7.8 美分。

投一次骰子获胜的机会有多大呢？假设有三个骰子，分别涂成红色、绿色和蓝色。红色骰子显示数字 1，其他骰子显示任意数字，有 36 种情况。继续数下去，红色骰子不显示数字 1，而绿色骰子是数字 1，蓝色骰子是任意时，有 30 种。最后，蓝色骰子是数字 1，红色和绿色是 1 之外的任意数字时，有 25 种。因此，在 216 种情况里，91 种情况是至少有一个骰子会是数字 1。因此，下赌注在数字 1 上获胜的概率是 91/216，大大小于 1/2。其他数字也是这样。

令人费解的鹦鹉

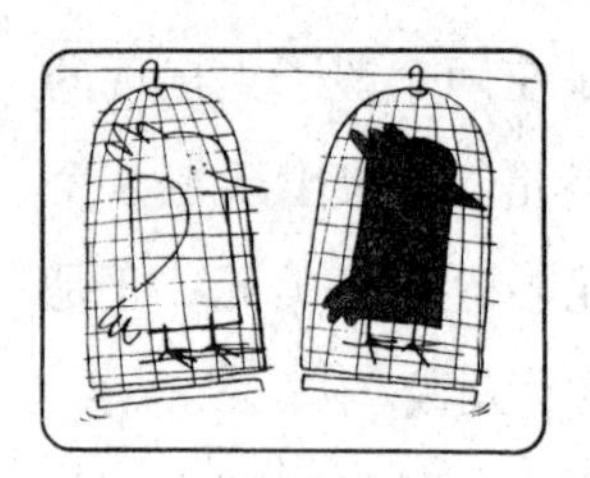

一位女士养了两只鹦鹉。一天，一位来访者问她：

来访者：有一只鹦鹉是公的吗？

主人回答：有。

那么两只鹦鹉都是公的概率是多少呢？是 1/3。

假设来访者这样问她：黑鹦鹉是公的吗？

主人回答：是的。

现在两只都是公的概率上升到了 1/2。这讲不通。为什么问了这个问题就能改变概率呢？

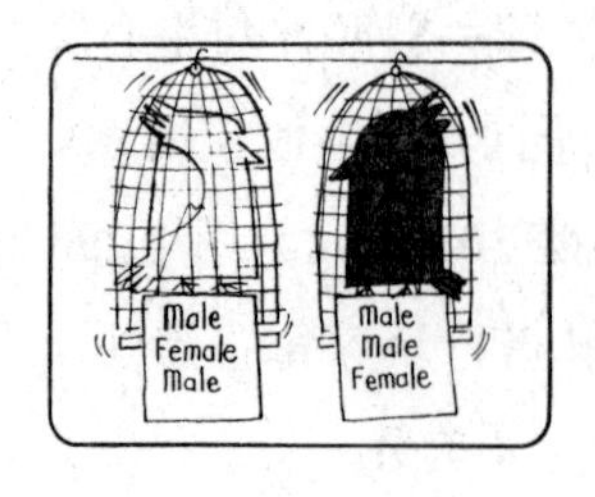

通过列出所有的可能性就很容易解释这个悖论了。当来访者知道一只鹦鹉是公的时，只需要考虑三种情况了。只有一种情况是两只都是公的。因此两只都是公的概率是 1/3（我们假设每只鹦鹉是公是母具有相同的可能性）。

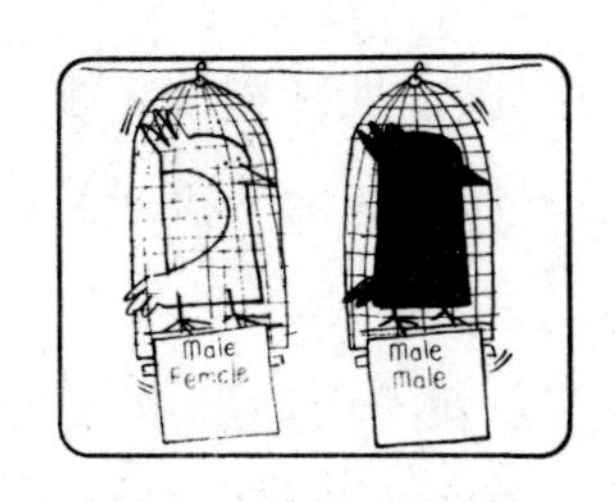

当来访者知道黑鹦鹉是否是公的时，只需考虑两种情况。只有一种情况下是两只都是公的。因此，两只都是公的概率是1/2。

要想模拟鹦鹉的悖论，让某人投两枚硬币，一枚是一便士，一枚是五分镍币，然后就投掷结果做出一定的陈述。此人可以采取后面这几种做法中的任意一个：

1. 如果两枚硬币都是正面，他可以说“至少一枚正面”。如果两枚硬币都是反面，他就说“至少一枚是反面”。如果两枚硬币不相同，他可以说“至少一枚是……”，并随机拿出正面的硬币或者反面的硬币。那么不管是哪一面，两枚硬币都显示说出的那一面的概率是多少呢？答案是1/2。

2. 投币的人提前约定，只有当至少一枚硬币是正面时，他才叫出“至少一枚硬币是正面”。如果两枚硬币都不是正面，他就什么都不说，接着重投一次。那么，两枚硬币是正面的概率是多少呢？答案是1/3（因为现在排除了两个都是反面的可能性）。

3. 投币的人提前约定，叫出便士的落地情况，不管它是正面还是反面。那么两枚硬币都是同一面的概率是多少呢？答案是1/2。

4. 投币的人提前约定，只有当便士投掷结果是正面时，他才叫出“至少一枚是正面”。那么，两枚都是正面的概率是多少啊？答案是1/2。

鹦鹉悖论有时模棱两可，不可能回答。举例来说，假设你遇到一个陌生人，他说“我有两个孩子，至少一个是男孩”。那么他的两个孩子都是男孩的概率多少呢？

这并不是一个准确定义的问题，因为你对这个人做出陈述的情况一无所知。他可能只是说“至少一个是女孩”，如果他的孩子性别不同，他就随便说了一个性别。如果他的孩子性别相同，那他说的就是他孩子的性别。如果是这样的话，那么他两个孩子是男孩的概率是1/2。这种情形对应第一种做法。

在鹦鹉问题中，来访者的提问消除了歧义。第一个问题："至少有一只鹦鹉是公的吗？"对应第二种做法。第二个问题："黑色的鹦鹉是公的吗？"对应第四种做法。

与鹦鹉问题紧密相关的还有一个更惊人的悖论叫做第二张A悖论。假设你正在玩桥牌。摸完牌后，你看了你的牌然后宣布"我有一张A"。那么，你还有一张A的概率是多少呢？确切来说是5 359/14 498，小于1/2。

现在假设，大家一致同意专指一张A，比如挑黑桃A。桥牌一直打到你宣布："我有一张黑桃A"时，你还有一张A的概率是多少？现在是11 686/20 825，或稍高于1/2！为什么指定了A的花色就改变了概率？

整副牌的概率估算既费时又麻烦，不过若把一副牌减少到四张，就可以容易理解这个悖论的构造了，比如说黑桃A，红桃A，梅花2和方块J。（通过减少元素的数量来简化问题是理解它的构造的最有效的方法。）洗一洗这四张牌，把它发到两个玩家手里。每人各两张牌，下面是六种同等可能的情况：

六手牌中有五手（即前五手牌），玩家可以说"我有一张A"。但是五手牌中只有一手有另一张A的。因此摸到第二张A的概率是1/5。

有三手牌（即前三手牌）玩家就可以说"我有黑桃A"。在这三手牌里，只有一手有另一张A的。因此第二张A的概率是1/3。

注意：提名哪个花色的A和由谁来宣布他或她有这么一个A必须要提前达成一致。否则，这个问题就无法精确地界定。

钱包游戏

史密斯先生正在跟两名数学学生一起吃午饭。

史密斯先生：我告诉你们一个新游戏。把你们的钱包放在桌子上。我们数一下每个钱包里的钱。谁的钱包里钱最少就可赢得另一个钱包里所有的钱。

乔：嗬。如果我的钱比吉尔的多，她就会赢得我所有的钱。可是，如果她的钱多，我赢的钱就会比我现在的钱多。因此，我赢的要比我输的多。这个游戏肯定对我有利。

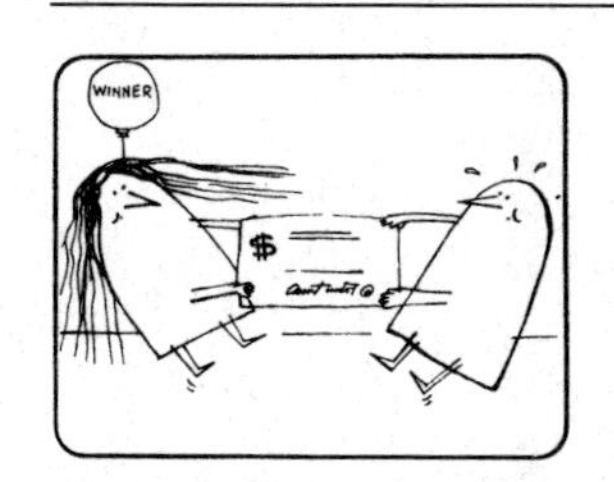

吉尔：如果我的钱比乔多，他就会赢得我所有的钱。可是，如果他的钱多，我就赢了，而且我赢得钱要比我现在的多。这个游戏对我有利。

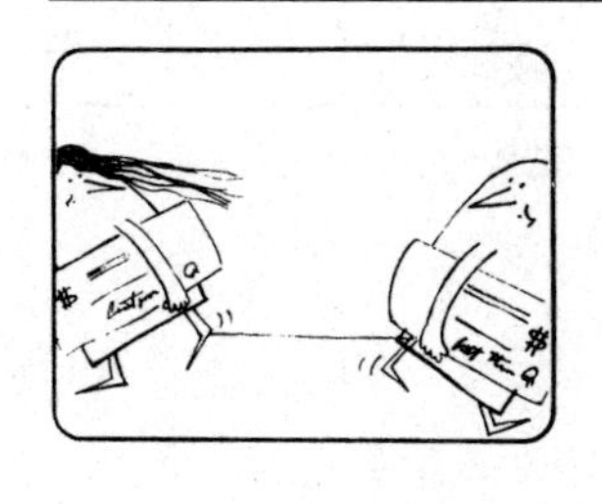

一个游戏怎么会对双方都有利呢？这不可能。是不是因为双方都错误地认定了他们输还是赢的机会是相等的，因而产生了这个悖论呢？

这个有意思的悖论出自法国数学家M.克拉依切克。他在自己写的《数学娱乐》一书里用领带而不是钱包提出了这一悖论。

两个人都说自己的领带要更好一些。他们喊来第三个人，让他做出裁决到底谁的好。赢者必须把他的领带送给输者作为安慰。两个争执者都会想："我知道我的领带值多少。我可能会输掉，可是我或许还能得到一条更好的领带，因此这个游戏对我有利。”一个游戏怎么会对双方都有利呢？

如果我们做出一定的假定来准确界定这个情况，那么这是一个公平的游戏。当然，如果我们知道其中一人比另一个人习惯上带的钱比较少（或者系比较便宜的领带），那就不是一个公平的游戏了。如果我们对此一无所知，我们可以假定每个玩家带从 0 到一个指定数字，比如说 100，之间的任意数量的钱。如果我们按此假定构建一个支付矩阵，就像克拉依切克在他的书中叙述的那样，我们确定这个游戏是“对称的”，不会偏向任何一方。

关于这个悖论（也常常叫做两个盒子的悖论或者两个信封的悖论）的解决办法，请看这本书的参考文献。

无差别原理

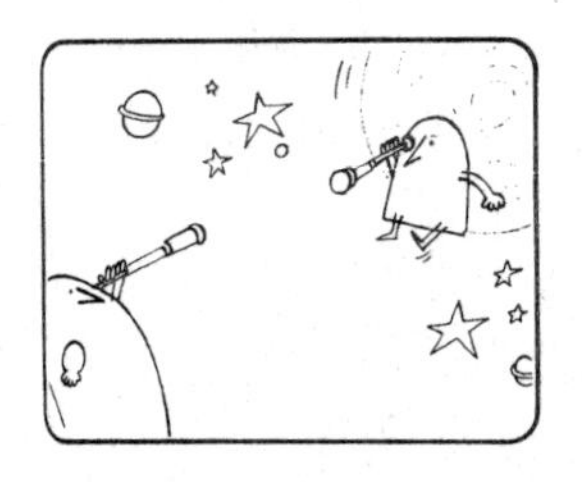

土星最大的卫星土卫六上有生命吗？

世界会发生一场核战争吗？

如果你回答这类问题时，答案是“是”或者“不是”有等可能性的话，那你就笨拙地应用了所谓的“无差别原理”。不小心使用这一原理使许多数学家、科学家甚至伟大的哲学家都陷入了荒谬之网。

经济学家约翰·凯恩斯在他著名的《概率论》一书中把“不充分推理原理”更名为“无差别原理”。此原理可陈述如下：如果我们没有充分理由说明某事的真伪，那么我们就给予每个真值的概率以同等的机会。

这个原理在科学、宗教、统计学、经济学、哲学和心理学等多种领域中的应用已经有很长一段历史，不过却声名狼藉。如果运用不当，会导致荒谬的悖论和彻底的逻辑矛盾。法国天文学家、数学家拉普拉斯曾经以这个原理为基础计算出太阳第二天升起的概率是 1 826 214 比 1！

让我们来看一下如果这个原理不小心用于土卫六和核战争的问题上，矛盾是如何产生的。在土卫六上生命存在的概率是多少？我们应用无差别原理来回答的话答案是 1/2。那么土卫六上连简单的植物生命形式都不存在的概率是多少呢？答案同样是 1/2。不存在单细胞动物的概率多少呢？还是 1/2。在土卫六上既没有简单的植物也没有简单的动物的概率是多少呢？通过概率的计算法则，我们要用 1/2 乘以 1/2 才对，答案应该是 1/4。这就意味着在土卫六上存在某种生命形式的概率已经上升到了 1−1/4＝3/4，跟我们前面的估算值 1/2 相矛盾。

在公元 3000 年之前发生一场核战争的概率是多少呢？根据无差别原理，我们的回答是 1/2。那么原子弹不会落在美国的概率是多少呢？答案是 1/2。原子弹不会落在俄罗斯的概率呢？答案是 1/2。如果我们将这种推理应用到 10 个不同的国家，那么原子弹不会落在 10 个国家里任意一个的概率就是 1/2 的 10 次方，就是 1/1 024。用 1 减去这个数得出原子弹落在这 10 个国家之一的概率是 1 023/1 024。

在上面的两个例子中，无差别原理都添加了一个附加的假定，得出了如此荒谬的结果。我们默许了那些明显相关联事件是独立事件的错误假定。从进化论的观点看，在土卫六上存在有智慧的生命的概率取决于那里低等生命形式的存在。实际上，考虑到世界形势，那么，比如说，一颗原子弹落在美国跟同一颗原子弹落在俄罗斯的概率不是不相关的。

另外一个不小心使用了无差别原理的好例子是未知的立方体悖论。假定有人告诉你有一个藏在柜子里的立方体，其边长在 2 英尺和 4 英尺之间。因为你没有充足的理由判定边长小于 3 还是大于 3，你猜测立方体的边长是 3 最恰当。现在考虑立方体的体积。其体积一定介于 8 立方英尺与 64 立方英尺之间。因为你没有充足的理由认为其体积是小于 36 立方英尺还是大于 36 立方英尺，于是你认为体积是 36 立方英尺。换句话说，你最恰当的估计是此立方体的边长是 3 英尺，体积是 36 立方英尺。这该是一个多么奇怪的立方体啊！也就是说，如果你将无差别原理应用于立方体的边长，则得出边长为 3 英尺，体积为 27 立方英尺。但若将此原理用于体积，得出的体积为 36 立方英尺，边长是 36 的立方根，或大约是 3.30 英尺。

立方体悖论是一个很好的例子，它揭示出科学家或统计学家在得出一个量的最大值和最小值后，进而判定其实际值最可能取二者之间的中值，这时他们就陷入了困境。凯恩斯的书中还给出了很多这种悖论的实例。

这个原理仅当对称性给概率相等这个假设提供客观的依据时，其应用于概率才合乎逻辑。例如，一枚硬币在几何形状上是对称的，即可以使一个对称平面从硬币边上穿过去。实际上，硬币对称在于其均匀密度；也就是说，不在于称其一面的重量。作用于其上的力是对称的——重力、摩擦力、大气压力等都是对称的，它们对一面的作用力不会超过另一面。由此，我们就可以证明硬币的正反面的概率相等这一假设是成立的。这种对称性同样适用于有六面的立方体骰子和有 38 个条纹的轮盘赌。世界范围的赌场长期的实践已经验证了这些对称假设的正确性和局限性。在对对称不了解，或甚至不存在对称的情况下，应用无差别原理往往导致荒诞的结果。

帕斯卡赌注

20世纪法国著名的数学家布莱斯·帕斯卡将无差别原理应用于基督教信仰问题。

帕斯卡：一个人无法决定是接受还是拒绝基督教教义。教义可能是真的，也可能是假的。这有点像掷硬币，其正反面有同等机会。但是，结果如何？

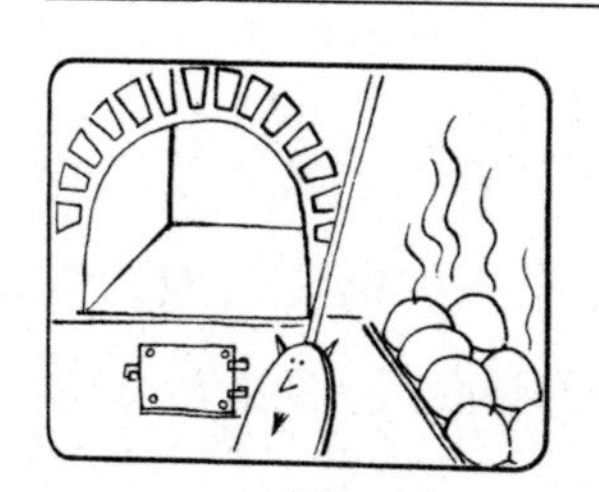

帕斯卡：假定放弃基督教。如果教义是假的，则你没有什么可损失的。但是如果教义是真的，你将入地狱受到无穷的折磨。

帕斯卡：假定你接受了基督教。如果教义是假的，你就一无所获。但是如果教义是真的，你将上天堂享受无穷的福佑。

帕斯卡确信，这一决策游戏的结局极其有利于“基督教教义是真的”这个赌注。哲学家们自那以后一直对帕斯卡的赌注争论不休。你的看法如何？

布莱斯·帕斯卡是概率论的创始人之一。在第一幅图中，他指着的是叫做“帕斯卡三角”的著名数字模型。虽然帕斯卡不是这个三角的发明者（这个三角可追溯到中世纪早期）*，可是他是对此三角做过全面研究的第一人。这个模型具备精确的组合数学特征，从而使它成为解答初等概率问题的一个有用的工具（见哈罗德·雅各布的《数学：人类的尝试》一书有关帕斯卡三角的一章）。

帕斯卡赞成成为基督徒的论断，或按照通常的说法“帕斯卡赌注”，源自他的《思想录》中的 233 个“思想”。这个赌注提出了许多发人深省的问题。例如：

1. 将无差别原理应用于帕斯卡的论断合乎逻辑吗？

2. 对法国哲学家丹尼斯·狄德罗提出的如下异议，你作何回答？还有很多其他影响很大的宗教，例如伊斯兰教，它们也认为接受宗教的前提是获得拯救。帕斯卡的赌注适用于所有的宗教吗？若是如此，每一个宗教人们都得接受吗？

3. 你对威廉·詹姆斯的折扣版赌注有何见解？在其《信仰的意志》一书中，詹姆斯认为“信仰上帝”是个好的赌注，因为关于上帝的存在无论如何是没有任何根据的。因此，一个人应该做出终其一生都感到最幸福的决定。

4. 你对H.G.威尔斯的如下论断有何见解？我们并不知道世界是否能幸免于核武器大屠杀。但是你应该活着并表现得好像你确信世界能幸免于难。正如威尔斯所说，“如果最终你的乐观看法没有得到证实，至少在核武器大屠杀到来之前你将活得很快乐”。

---

* 我国称“杨辉三角”或“贾宪三角”。南宋数学家杨辉在1261年著有《详解九章算法》一书，书中记载了杨辉三角图形，并说明贾宪在《释锁算书》中已用此术。——译者注

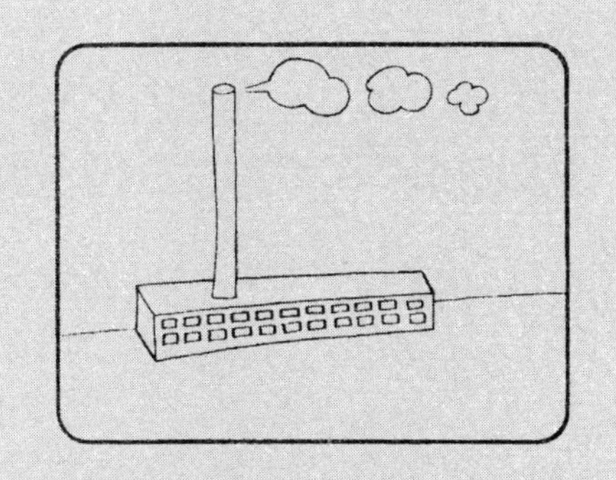

❺统计

关于小玩意儿、成簇、乌鸦和“绿蓝”的悖论

5 统 计

统计学是关于数量信息的收集、整理和分析的学科，它在今天极为复杂的世界上变得越来越重要了。普通市民在很多方面，从家庭理财到购物，例如判断各种牙膏品牌的好坏，都会受到数字的重重困扰。除非具有一定的统计学知识，不然很难做出明智的选择。在其他许多领域，如保险、公共卫生、广告等，近乎每个行业都必须用到统计学，因为不进行统计学分析就很难准确地发现问题和解决问题。

这里不准备介绍统计学，更不是给你讲授统计学基本知识，而是指出一些典型的统计学悖论，旨在激发大家了解更多数学基础知识的兴趣。

第一个故事介绍了统计学的三个重要的基础度量指标：平均值、中位数和众数。接着是一个误用数据的奇趣例子，利用了统计学精巧绝伦的“骗术”，提醒你避开那些常见的陷阱。

当今人们对占星术和所有奇异事件的兴趣大增，然而几乎没有人知道，正因为他们对统计学窍门缺乏经验而使他们轻易地被令人惊奇的巧合事件所打动，这些意外的巧合从概率论和统计学来看却是不足为怪的事。

举个例子，来看一下著名的悖论。在任意选取的 23 人构成的一个群体中，至少有两人生日的月日相同的几率竟然大于 1/2！如果在 40 人构成的群体中，这种巧合的机会将达到 9/10 左右。人们对此的第一反应是这种情况完全不可信。接下来，人们在大约 40 人参加的聚会上或通过在一个《世界名人录》上任意查找 40 个人，做一个实证性测试。第三步，如果你对这个悖论背后的数学原理有任何好奇，你应该去学习足够的与之相关的知识，然后就会明白为什么事情会这样。正是这些悖论背后的原理为有效数学提供了神奇的踏板。

后面介绍的一些纸牌戏法中好像不可思议的巧合，其实是简单数学规律的自然结果。在决策论研究中很多最有名的强烈反直觉的论题之一就是投票悖论。决策论是数学的一个新分支，研究如何以统计资料为基础做出合理的决策。这里“孤独心小姐”的故事又是一个鲜为人知的悖论。

本章最后两个悖论是现在科学哲学中一直争论不休的最著名悖论：恼人的乌鸦悖论和称为“绿蓝”的奇怪特性悖论。它们指出了统计学在评价科学假设的可信度中的重要作用。

有欺骗性的“平均值”

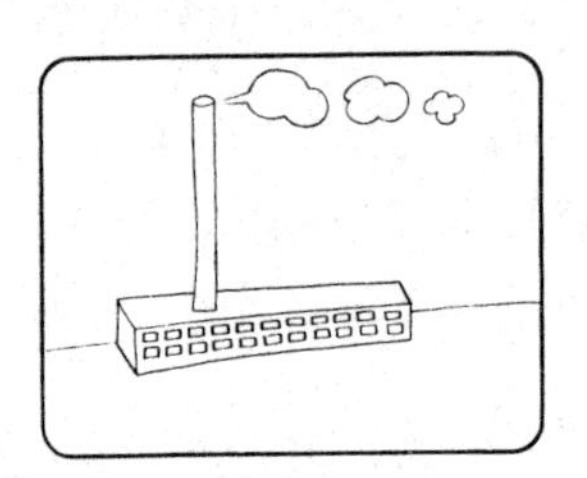

吉斯莫先生有一个小工厂，生产超级小玩意儿。

管理人员由吉斯莫先生、他的弟弟和 6 个亲戚组成。工作人员由 5 个监工和 10 个工人组成。工厂经营得很顺利，现在需要增加 1 个工人。

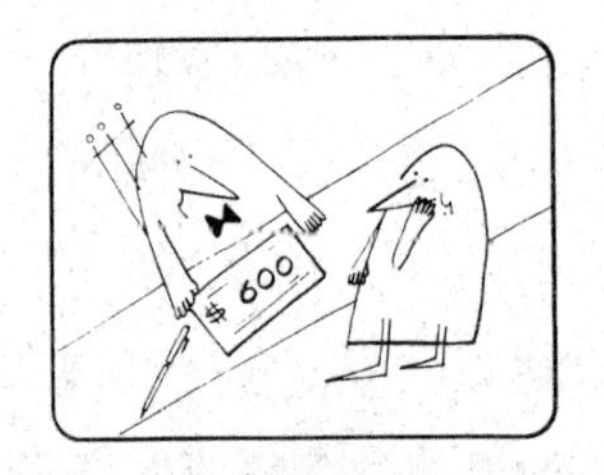

吉斯莫先生正在面试萨姆。

吉斯莫先生：我们这里报酬不错。平均薪金是每周 600 美元。你在学徒期间每周得 150 美元，不过很快就可以加薪。

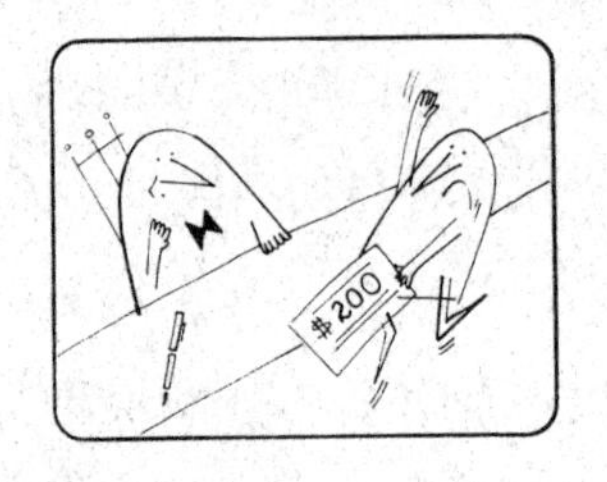

萨姆工作了几天之后，要求见厂长。

萨姆：你欺骗我！我已经找其他工人核对过了，没有一个人的工资超过每周 200 美元。平均工资怎么可能是一周 600 美元呢？

吉斯莫先生：啊，萨姆，不要激动。平均工资是 600 美元。我要向你证明这一点。

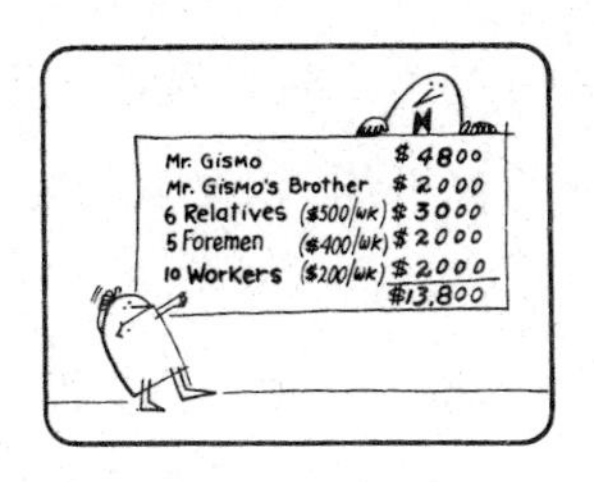

吉斯莫先生：这是我每周付出的酬金。我得 4 800 美元，我弟弟得 2 000 美元，我的 6 个亲戚每人得 500 美元，5 个监工每人得 400 美元，10 个工人每人 200 美元。每周付给 23 个人总共 13 800 美元酬金，对吧？

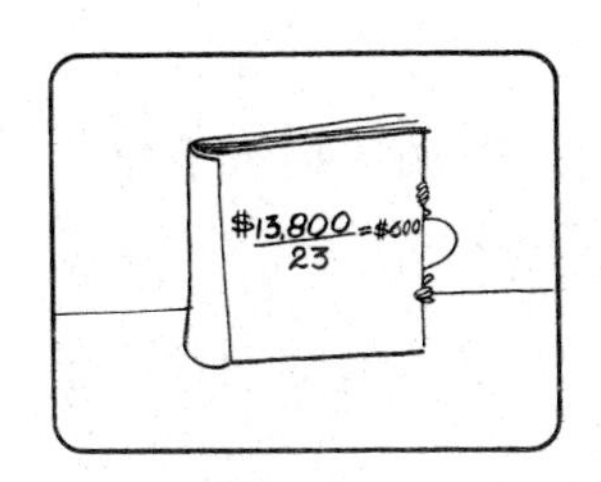

萨姆：对，对！你是对的。平均薪金是每周 600 美元。但你还是误导了我。

吉斯莫先生：我不同意！你实在是不明白。我已经把工资列了个表，并告诉了你，工资的中位数是 400 美元，可这不是平均工资，而是中等工资。

萨姆：每周 200 美元又是怎么回事呢？

吉斯莫：那称为众数，是大多数人挣的工资额。

吉斯莫先生：老弟，你的问题是出在你不懂平均数、中位数和众数之间的区别。

萨姆：好的，现在我可懂了。我……我辞职！

统计学的说辞极富悖论性，时常是用来骗人的。吉斯莫工厂的故事揭示了误解产生的一个共同根源是不了解平均值、中位数和众数之间的差别。

“平均数”这个词通常是“算术平均值”的简称。这是一个很有用的统计指标。然而，如果有少数几个很大的数，正如吉斯莫的工厂中少数高薪者，“平均”工资就会造成假象。

类似的引起这种误解的例子可信手拈来。譬如，报纸上报道有个人在一条河中淹死了，这条河的平均深度仅 2 英尺。这不使人吃惊吗？不！你要知道，这个人是在一个 10 多英尺深的地方沉下去的。

一个公司报告说它的决策是由股东们民主制定的，因为它的 50 个股东共有 600 张选票，平均每人 12 票。可是，如果其中 45 个股东每人只有 4 票，而另外 5 人每人有 84 张选票，平均数确实是每人 12 票，可是这 5 个人完全控制了这个公司。

还有一个例子：为了吸引零售商到一个城镇里经商，商业主席吹嘘道：这个城镇的居民平均收入非常高。大多数人会因此认为这个城镇的大多数居民都属于高收入阶层。可是，如果有一个亿万富翁恰好住在该城，其他人可能都是低收入者，而“平均”的个人收入却仍然很高。

统计报告有时甚至让人更加糊涂，这是因为“平均”这个词有时并不是指算术平均值，而是指中位数或众数。中位数是将数值表中的数按大小顺序排列，中心位置对应的数值。如果表中数值有奇数个项，则中位数就简单地是中间项的值。如果有偶数个项，中位数往往取值为中间两项的算术平均值。

对萨姆来说，中位数比算术平均数重要，但中位数也使人对这个工厂的工资情况产生错觉。萨姆真正需要知道的是“众数”——在工资表中出现次数最多的数。这种情形下，众数是发给工厂较大多数人的工资数。有时候这叫做“典型情况”，因为它比其他任何情况出现次数都多。在上面最后一个例子中，那个城镇里一个“典型”家庭——代表收入众数——也许很穷，尽管由于有少数亿万富翁住在这里，城镇居民的平均收入还是很高。

年度母亲

这一年年底，萨姆的妻子接受了这个城镇市长的奖赏。她被命名为这个城镇的年度母亲。

当地报纸刊登了萨姆、他的妻子和他们的13个孩子的照片。

编辑对这张照片很满意。

编辑：干得好，巴斯康。我有一个新任务，你给我弄一张家庭照片来。要求这个家庭人口数必须是全镇家庭人口数的平均值。

巴斯康无法做到。为什么呢？城里没有一户人家的人口是平均的。经计算，孩子的平均人数是2½。

对“平均”概念的另一个错误理解就是平均的实际范例必然存在。看了这一段故事之后，我们就知道不存在有两个半孩子这个平均数的家庭，现在读者不难想出平均数不能通过任何个体情况代表的其他例子。

这里有些其他问题可以帮助你加深对算术平均数、中位数和众数的理解。

1. 如果编辑要一张“典型”家庭的照片，根据众数的意义，摄影记者是否总能找到这样的家庭？（能，典型情况显然是存在的）。

2. 众数可能会不止一个吗？例如，两个孩子的家庭和三个孩子的家庭能不能都是众数的实例？（可以，如果这个城里有1 476家有两个孩子，有1 476家有三个孩子，而所有其余的家庭的孩子数要么比它们多，要么比它们少。那么，这个城镇就有两种典型家庭，每一种都是有效的众数）。

3. 如果编辑想要一张中位数个孩子的家庭照片，他是否总能得到？（通常可以得到，但并非总能得到。如上所见，如果这个城镇里有偶数个家庭，并且居于中间位置的两个家庭孩子数目不等，这时中位数就不是整数了）。

轻率下结论

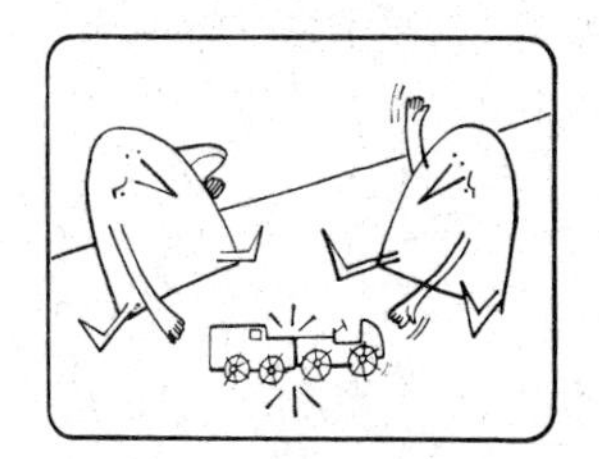

统计资料表明，大多数汽车事故发生在中等速度的行驶状态下，极少事故是发生在大于 150 公里/小时的行驶速度状态下。这是否就意味着高速行驶比较安全？

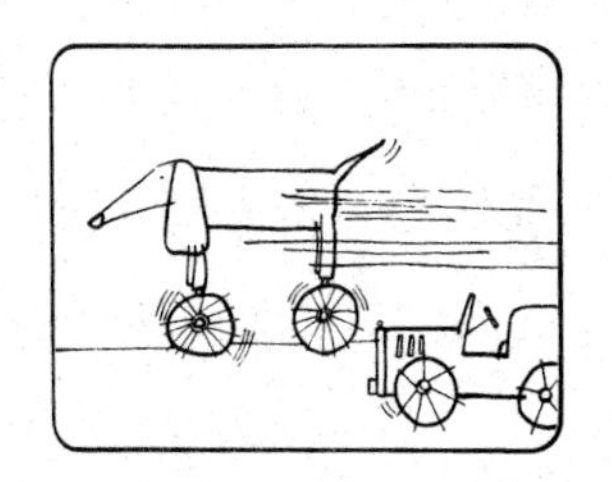

绝不是这样。统计关系往往不能表明因果关系。由于多数人是以中等速度开车，所以自然大多数事故是出在中等速度的行驶中。

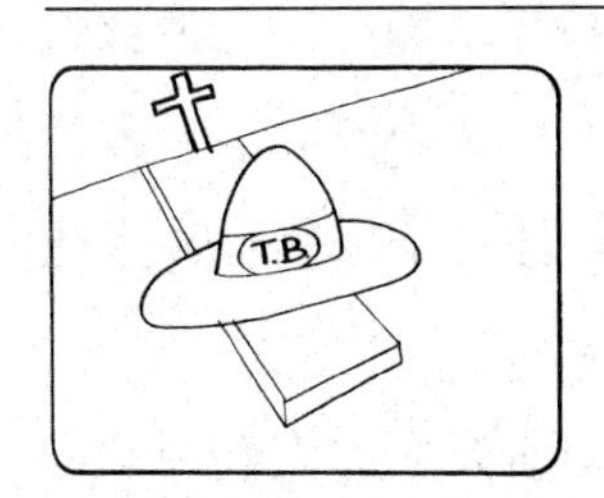

如果统计数字表明亚利桑那州死于肺结核的人数比其他州多，这是否意味着亚利桑那州的气候容易生肺病？

正好相反。亚利桑那州的气候对害肺病的人有好处，所以数以千计的肺病患者纷纷前来。自然，这个州死于肺结核的平均数就升高了。

有一个调查研究说脚大的孩子比脚小的孩子拼写好。这是否是说一个人脚的大小能够衡量他的拼写能力？

不是的。这个研究对象是一些处于生长发育期的孩子。所有的调查都表明因为年龄较大的孩子脚大些，他们当然比年幼的孩子拼得好些。

这三个例子着重说明了，在你听到一种统计关系时，不轻率做出因果关系的结论很重要。下面再举几个例子：

1. 常常听说，汽车事故多数发生在离家不远的地方。这是否就意味着在离家比较远的公路上行车要比在家附近安全些呢？不是。统计只不过反映了人们往往是在离家不远的地方开车，而很少在远处的公路上开车。

2. 有一项研究表明某个国家，喝牛奶和死于癌症的人的比例都很高。这是否说明喝牛奶引起癌症呢？不！这个国家老年人的比例也很高。年龄大的人通常易患癌症，正是这个原因提高了这个国家癌症死亡者的比例。

3. 一项研究表明在某个城市因心力衰竭而死亡的人数和啤酒的消耗量都急剧上升。这是否表示喝啤酒会增加心脏病发作的概率？不！两种情况的增加是人口迅速增加的结果。同理，心脏病发作还可归因于上百种其他因素，如咖啡消耗量增加，嚼口香糖的人增多，玩桥牌更加盛行，看电视的人增多等。

4. 一项研究显示，欧洲某个城市的人口大量增加，同时鹳雀窝也大量增加。这是否就支持了鹳雀送子这一传说？*不！它反映的是这个城市内的房屋增多，鹳雀就有更多地方来筑窝了。

5. 最近一项研究显示，大多数杰出的数学家在家里都是长子。

* 欧洲有一种说法，称婴儿是鹳雀送来的，常用鹳雀来临象征婴儿降生。——译者注

这是否意味着头生子比以后生的儿子更具数学才能呢？不！这只简单反映出一个令人惊讶的事实：大多数的头生子是男孩。

根据最后的例子可以进行一些有趣的实验。调查一下你们的男性朋友，看看他们是否有半数以上是长子。再调查一下你们的女性朋友，看看她们之中有多大比例是长女。

或者做一个动脑实验。想象有 100 个家庭，每家有两个孩子。男孩（或女孩）是长子（或长女）的比例是多少？（答案：3/4）（注意：一儿一女时，儿子和女儿都算老大）。100 个家庭中，有些家庭每家有三个孩子时，计算一下男孩（或女孩）是长子（或长女）的比例。（答案是 7/12。）不用说，在只有一个孩子的家庭，这个孩子就是老大。

同一性别的长子女的确切比例将会因家庭中孩子数量的不同而异，但是对所有家庭而言，这个比例大于 1/2，而对大多数家庭而言，这个比例也大于 1/2。

上述这些例子也许能启发你找出其他一些在因果关系方面容易引起误解的统计说法的实例。现代的广告，尤其是电视商业广告，常常是这种统计误导的一个源头。

小世界悖论

近来，很多人认为巧合是由星星或其他神秘力量引起的。

譬如说，有两个互不相识的人坐同一架飞机。

吉姆：这么说，你是波士顿人啰！我的老朋友露茜·琼斯是那儿的律师。

汤姆：这个世界是多么小啊！她是我妻子最好的朋友！这类事情是不大可能的巧合？统计学家已经证实并非如此。

大多数人碰到一位陌生人，尤其是在远离家乡的地方碰到一个生人，并发现他与自己有同一个朋友时，都会感到非常惊讶。在麻省理工学院，由伊西尔领导的一组社会科学家对这个"小世界悖论"做了研究。他们发现，如果在美国随意选两个人，平均每个人认识大约 1 000 个人。这时，这两个人彼此认识的概率大约是 1/100 000，而他们有一个共同的朋友的概率却急剧升高到 1/100。而他们可由一连串中间人而联系起来（如上面列举的二人）的概率实际上高于 99%。换句话说，如果布朗和史密斯是在美国任意选出的两个人，几乎可以肯定：布朗认识某个人，这个人认识另一个认识史密斯的人。

心理学家斯坦利·米尔格拉姆任意选择了一组"发信人"来探讨小世界的问题。他给每一人一份文件，让他们传给一个"收信人"，这个收信人是他们不认识的人，而且住在相距遥远的另一个州。做法是"发信人"把信寄给他的一个朋友（是一个没有深交的朋友），这位朋友很可能认识那个收信人，这个朋友发信给另一朋友，如此进行，直到将文件寄到认识收信者的人为止。米尔格拉姆发现，在文件被送达收信者手中之前，中间联系人的数目从 2 到 10 不等，其中位数是 5。当你问别人这到底需要多少中间联系人时，他们大多猜想大约要 100 人。

米尔格拉姆的研究说明了人与人之间由一个共同朋友的网络联结得多么紧密。因此，两个陌生人在离家很远的地方相遇而有着共同的熟人就不足为怪了。这种网络还可解释其他很多不寻常的统计学现象，例如，流言蜚语、耸人听闻的消息不胫而走，一条机密情报、一个笑话会很快四处蔓延。

你是什么星座的？

这四个人第一次见面。如果他们四个至少有两个人属于黄道十二宫的同一宫，这岂不是偶然的巧合吗？

你也许会这么以为。而实际上这种巧合的发生率是 4/10。假定每个人都以相同的概率出生在黄道十二宫之一，那么四个人中至少有两个人属于同一宫的概率是多少？

让我们用一副牌来模拟这种情况。先抽掉四张 K。这副牌四种花色各有 12 个点数。我们用一种花色代表一个人，每个点数代表黄道十二宫之一宫。如果我们从每一种花色中任抽一张牌，四张牌里至少两张牌一样的概率是多少？很明显，这就和四个陌生人中至少两人有同样的黄道十二宫的概率一样。

解决这个问题最简单的方法是先算出没有任意两张牌的点数相同的概率，再用 1 减去该数，就得到了我们所要的概率。

如果我们只考虑两个花色，譬如，红心和黑桃，由于一张红心和十二张黑桃中的一张配对，只有一对是同点数的，故点数不同的概率是 11/12。而一张梅花与另两张牌的点数不同的概率是 10/12，一张方块与其余三张牌的点数不同的概率是 9/12。这三个分数的乘积就是四张牌的点数彼此都不相同的概率，结果是 55/96。用 1 减去这个数得到 41/96，大约是 4/10，它也即是四个人中至少有两个是属于同一宫的概率。这差不多是 1/2，因此这种巧合毫不奇怪。

下一个是著名的生日悖论的翻版。如果有 23 个人无意中碰到一起，至少有两个人的生日是同一月同一天的概率稍大于 1/2。其计算过程类似于前面黄道十二宫的算法，不过这里相乘的有 22 个因子：

$$\frac{364}{365}\times\frac{363}{365}\times\frac{362}{365}\times\cdots\times\frac{343}{365}$$

概率是 1 减去乘积，也就是 0.5073+ ——稍大于 1/2（从而所求概率则稍小于 1/2）。用袖珍计算器很容易计算出这个数。如果人数多于 23 个，则生日相同的概率会迅速升高。如果有 30 人，那么至少有两人生日一样的概率约是 7/10。如果有 100 人，概率大于 3 000 000 比 1。

你可以思考一下下面的几个问题：

1. 美国有几位总统的生日相同？有几位逝世的日期一样？这些结果与理论预计是否一样？

2. 若至少有两人的生日在同一个月的概率大于 1/2，总共人数最少是多少？（回答是 5。此时有两人生在同一个月的概率是 89/144，大约是 0.62）。

3. 若至少有两人生于一星期中的同一天的概率大于 1/2，最少要有几个人？（回答是 4，此时相应的概率是 223/343，大约是 0.65）。

4. 若至少有一人和你的生日在同一天的概率大于 1/2，最少要有多少人？（回答是 253，不是 183，情况是每人都有一个与众不同的生日。）

π 的模式

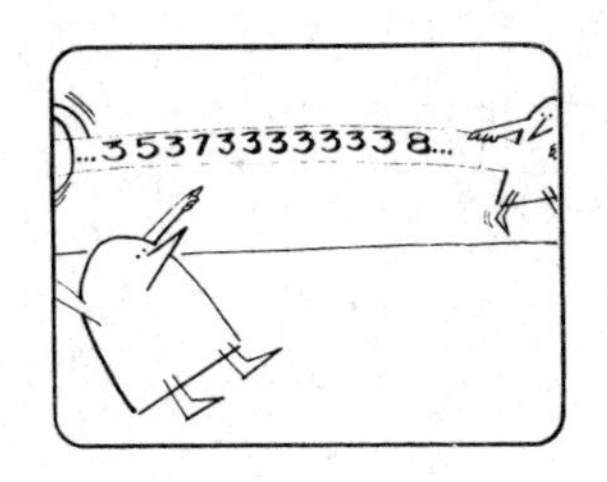

圆周率的数值排列似乎是杂乱无章的，可是让我们看看π的十进位展开数从第710 100个数字开始的数字是怎样排列的：7个3连在一起。

从随机展开这一点来讲，π的值不是任意随机的，可是从排列不规则这一点来讲，却是任意随机的。数学家对π的十进位展开作了各种试验，看有什么“规律性”，可是毫无结果。从这个意义上看，π的小数位数字就像一个旋转圆盘可以转到0～9任何一个数字那样随机。

在π的十进位展开值中，从任意一个给定的点开始的7个3连在一起的数字串的实际几率是很高的。几率是1比9 999 995。因此当π的710 106位以后出现7个3时，乍一看是很惊奇。可是，如果我们在π中寻找由7个数字组成的不寻常数列的话，找到这种模式的概率会上升。其他许多模式同样令人吃惊：4 444 444，或8 888 888，或1 212 121，或1 234 567，或7 654 321。由于我们预先并不知道会找到什么样的数列，所以猜一猜我们会发现什么样的数列是很好玩的事。唯一的限制条件是我们寻找这种模式数列的能力。就像亚里士多德曾经说过的，最不可能的事也是最有可能的事。

JASON 和太阳（SUN）

这个人把12个月份名称的单词的第一个字母写了出来，如J代表1月，F代表2月，等等。单词“JASON”是一个巧合吗？

这里把太阳系的九大行星的单词的第一个字母按距离太阳的远近写了出来。M 代表水星，V 代表金星，等等。单词“SUN”是另一个巧合吗？

这两个有趣的巧合证实了亚里士多德的格言“最不可能的事也是最有可能的事”的真理性。另一个说明不可能事件的可能性的方法是用一个转盘在字母表中任意选出一个字母。就是说，如果你挑出一个由 3 个字母构成的单词，并打赌“转盘转 100 次，这个单词的三个字母将连续出现”，这个赌对你很不利。但是你若打赌在轮盘转 100 次会出现一个在词典中可查到的由任意 3 个字母构成的单词，这个赌就对你有利。

你可以用一个转盘去选字母，·次记下一个字母，看看 3 个连续字母构成一个我们熟知的由包含 3 个字母的单词需要多长时间。试一下由 4 个字母构成的单词和 5 个字母构成的单词的情况。令人惊奇的是，没过多长时间就出现这样的单词。

想一想你所得到的单词和当前事件的联系，一种充满戏剧性的神秘感会随之而来。例如，“Eva”可能是你认识的某人的名字，或者单词“hat”使你想起某个丢了帽子的人。关注一下复合词（FBI，IBM，USA），缩略词（Fla，Dec，Fri），以及首字母缩略词。通过将事件与这些单词相结合，你就能轻易地解释有人认为的神秘力量如何在这些单词的形成过程中发挥作用了！

实验可以解释为什么在人的一生中会发生如此多的巧合。当这些巧合发生时，就会出现强烈的倾向，认为神秘力量在起作用。对于一个统计学家来说，这样的巧合是极有可能的。在每天发生的大量事件中，某种类型的巧合有数以亿计的发生方式。巧合的性质不被预先指定，这与 π 中的未指定的数字排列或者字母任意选择时出现的未指定的单词相类似。一种巧合的出现总是看似不太可能，是偶然发生的。我们忽略的是出现每一个这样的巧合的同时会有几十亿个其他可能出现的巧合没有出现了。

疯狂的成簇

就连发一副牌也会出现巧合。比如，几乎总是有连续出现的6～7张牌是同一花色的。

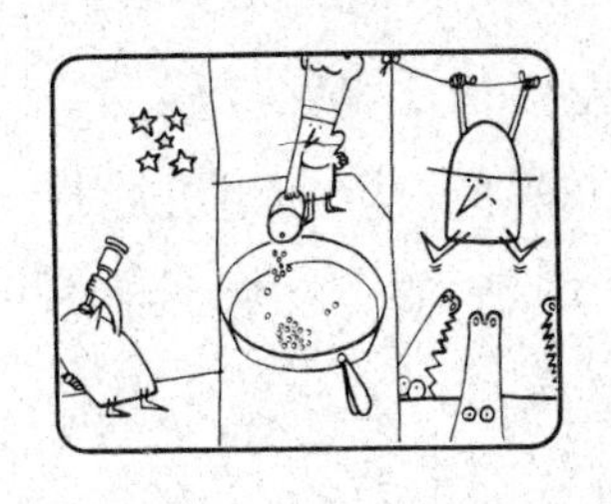

恒星成群聚集称为星座，豌豆撒在桌面汇成小群。有句古老的俗话说：“祸不单行。”

随机事件以各种不同形式“成簇”出现是一种被广泛认可的现象，关于深入探讨这一现象的“成簇理论”，统计学家们，已经撰写了大量书籍。π 中连续 7 个 3 就是随机成群的例子。如果你不断抛掷一枚硬币，或者连续旋转轮盘赌的圆盘，记下颜色和数字，你就会惊异地发现有时出现一长串相同的数字。

密歇根大学的一位工程师穆尔发现了一个关于“成簇”的惊人实验。因该实验使用了大量糖果，穆尔就称之为“糖果图案”。这种糖果是一种体积微小的球形彩色水果糖。取相当数量的红色球糖和绿色球糖，将这两种同样数量的糖放入玻璃瓶中，直至将玻璃瓶装满。不断摇这个瓶子，直至两色糖混合均匀。

检查瓶子的每一边。你以为会看到一大片颜色混合均匀的糖，可实际上，你看到的是一个漂亮的糖果图案，不规则的大片红糖图案中均匀夹杂着大片的绿糖，且二者总面积相等。该图案是如此出人意料，甚至数学家在初次看到时也会认为：形成这样的图案，是不是由于不同的球糖间有某种静电效应在起作用。实际上纯属偶然。组合图案是随机成簇现象的正常结果。

如果难以置信，你可以做一个简单实验。在一张制图纸上，画一个 20×20 的正方形。然后依次将每一小方格涂成红色或绿色，方法是用抛掷硬币来选择小方格中要涂的颜色。在 400 个小方格都用颜色涂满时，你将会看到类似上述糖果瓶边所出现的那种组合图案。

非数学因素出现在成簇现象中。如果小汽车在高速公路上随机行驶，我们从直升机上往下看，就会觉得这些汽车是成簇的。但是实际上，成簇的原因远不能用偶然性来解释，因为司机通常不以同样的速度开车，当前方路况较好时，他们就会加速。地图上城镇的位置，下雨天接连不断，草地上三叶草、海蓬子，其他不计其数的成簇的事例都证实了成簇远非偶然性引起的。

令人吃惊的纸牌戏法

这里有一个与成簇理论有关的令人吃惊的纸牌悖论。先拿一副扑克牌，按黑红两种花色相间排列。

把这副牌分成两叠，要保证每叠牌的最底下那张的颜色互不相同。

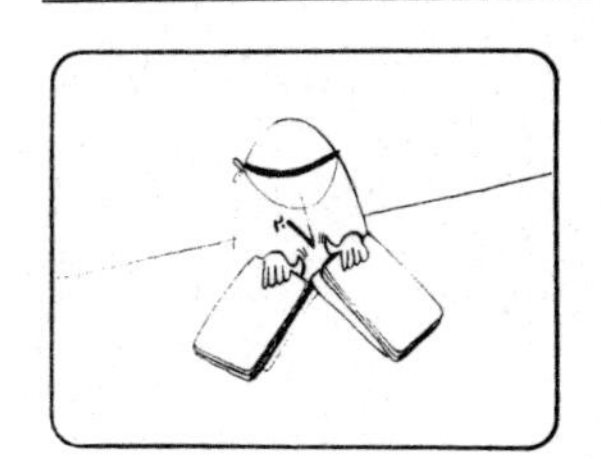

现在将两叠牌对好一张叠一张地洗。

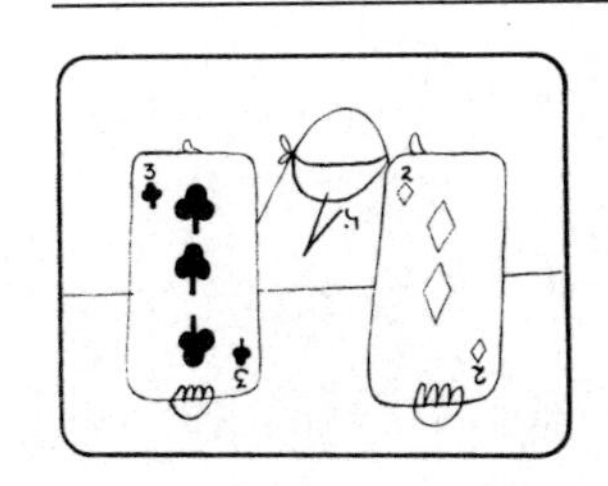

从这叠洗过一次的牌顶部一对一对地发牌。尽管牌已洗过，你拿的每对牌还是一红一黑！

这个不寻常的纸牌戏法是一个实例，说明潜在的数学结构会应用在成簇中，产生近乎神奇的结果。魔术师都知道这是吉尔布雷德原理，是数学家兼业余魔术师诺尔曼·吉尔布雷德在 1958 年发现的。自那以后根据这一原理发明了几百种巧妙的纸牌戏法。

下面是对吉尔布雷德原理的应用机制的一个非正式的数学归

纳证明。这副黑红相间的牌分成两叠后，两张底牌一黑一红。在洗这两叠牌时，第一张牌离开拇指落到桌面后，左右手中两叠底牌就是一色的了，这两张牌都与落下的那张牌颜色不同。因此，这两张底牌之后落下哪张都没有关系，都与桌上那张构成颜色不同的一对。现在手中的牌又与之前的情况一样了。剩下两叠牌的底牌颜色不同。不管哪张牌落下，手中剩下的两张底牌都是同色，故接着落下的第二对牌也必然是颜色不同的。依此类推可知余下的牌将反复出现上述现象。

你可以把这套把戏在朋友面前玩一玩，不过要事先把扑克牌弄成红黑相间。请一位朋友把这副扑克从上面一张一张发牌，发成一叠，数到 26 张时便停止（这样做就可以保证底下的两张牌颜色不同）。现在让他把两叠牌洗到一起。你把“洗过”的这叠牌放到桌子下面，使谁也看不到，包括你也看不到。这时就可以说你能用手指摸出牌的颜色来，并且把牌一对一对地亮出，使每对牌都是一红一黑。自然，你只不过是从这副牌的上面一对一对取牌而已。

这个原理是否能推广到魔术戏法呢？可以试试下面的做法。把四种花色的牌按一定的顺序排好，例如，黑桃、红心、梅花、方块；黑桃、红心、梅花、方块；黑桃、红心、梅花、方块；等等。从上面开始发牌，发出的牌放成一叠，到大约 26 张为止（不必一定是 26 张）。这种发牌法正好使黑桃、红心、梅花、方块的次序颠倒。现将两叠牌洗到一起。然后从这叠牌上面开始每四张为一组取牌，则每四张牌的花色必然互不相同！

另一个令人惊奇的纸牌戏法，你可以先将一副牌分成四叠，每叠 13 张牌，次序是 A、2、3、4、5、6、7、8、9、10、J、Q、K，不管它们花色是否相同。像前几次一样发牌洗牌。从上面取 13 张牌，每一手牌则仍然是从 A、2、3 一直到 J、Q、K 所有点数都有的牌。

最后再玩一个纸牌戏法，用两副牌，将一副牌的排列顺序与另一副完全相同。将其中一副放在另一副上面。然后从上面一张一张地取牌，每取一张就放在前一张上面，直到取出大约 52 张时为止。把两副牌洗到一起，然后将这 104 张牌严格分成两份。这时每一份正好是一副牌！

投票悖论

假定有三个人——阿贝尔、伯恩斯和克拉克竞选总统。

民意测验表明，选举人中有 2/3 愿意选 A 不愿选 B，有 2/3 愿选 B 不愿选 C。多数选举人是否愿选 A 而不愿选 C？

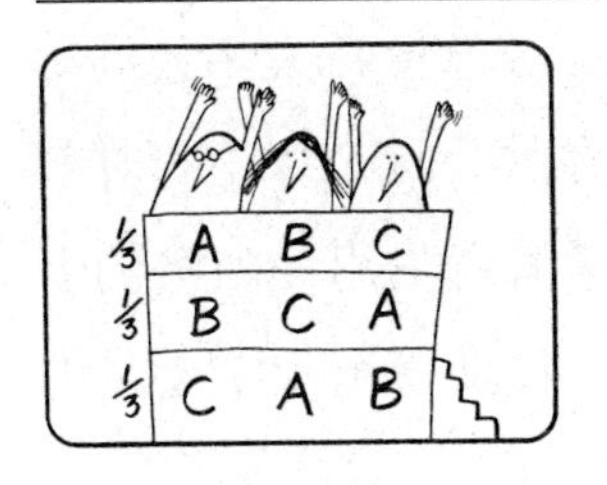

不一定！如果选举人像图中那样排候选人，就会出现一个惊人的悖论。我们让候选人来说明这一点。

阿贝尔先生：选举人中有 2/3 喜欢我，不喜欢伯恩斯。

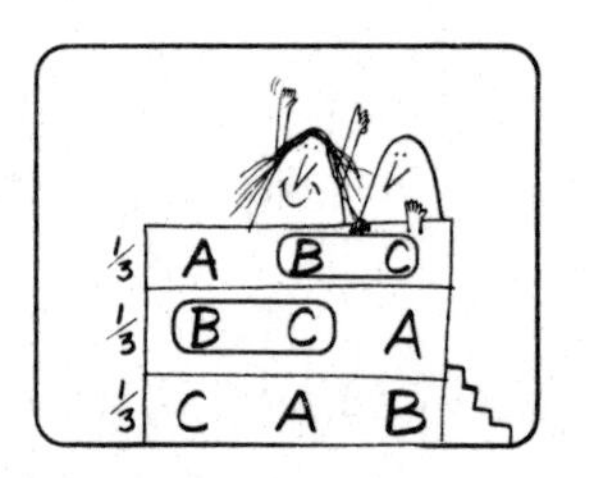

伯恩斯小姐：2/3 的选举人喜欢我，不喜欢克拉克。

克拉克先生：2/3 的选举人喜欢我，不喜欢阿贝尔！

这个悖论可追溯到 18 世纪，它是一个非传递关系的典型，这种关系是在人们作两两对比选择时产生的。“传递”的概念适用于诸如“高于”、“大于”、“小于”、“等于”、“先于”、“重于”等关系。一般讲，如果有一个关系 R 使得 $x\mathrm{R}y$，$y\mathrm{R}z$ 成立时，则 $x\mathrm{R}z$ 成立，则这种关系就是可传递的。

选举悖论使人迷惑，是因为我们以为“好恶”关系总是可传递的，如果某人认为 A 比 B 好，B 比 C 好，我们自然就以为他觉得 A 比 C 好。这条悖论说明事实并不总是如此。大多数选举人喜欢 A 而不喜欢 B，大多数选举人喜欢 B 而不喜欢 C，大多数选举人喜欢 C 而不喜欢 A。这种情况是不可传递的！这个悖论有时也称为阿洛悖论，根据诺贝尔奖获得者经济学家肯尼思·阿洛的名字命名的。他曾根据这条悖论和其他逻辑原理证明出十全十美的民主选举系统在理论上是不可能实现的。

假定有三个对象，而有三种可以比较的指标，当我们将三个对象按三种指标两两比较时，就可能出现上述矛盾。假定 A、B、C 是向同一位姑娘求婚的三个人。上图那种排列情况可解释为这个姑娘就三个方面比较这三个人优劣的次序，例如智慧、容貌、收入。如果两两相比，这个姑娘就发现，她觉得 A 比 B 好，B 比 C 好，C 又比 A 好！

数学家保罗·哈尔莫斯提出用 A、B、C 代表苹果派、蓝莓派和樱桃派。饭店每次只供应其中的两种。上面图中 A、B、C 三种排列表示顾客从饼的味道、新鲜程度和大小对三种饼的排列次序。这位顾客完全有理由认为苹果比蓝莓好、蓝莓比樱桃好、樱桃比苹果好。

关于更多的由非传递关系产生的悖论可参见《科学美国人》杂志上的如下文章：在我的数学游戏专栏（1974 年 10 月），理查德·G.尼米与威廉·瑞克合著的《选举系统的选择》（1976 年 6 月），以及林恩·阿瑟·斯蒂恩的关于选举系统的数学游戏专栏（1980 年 10 月）。

“孤独心”小姐

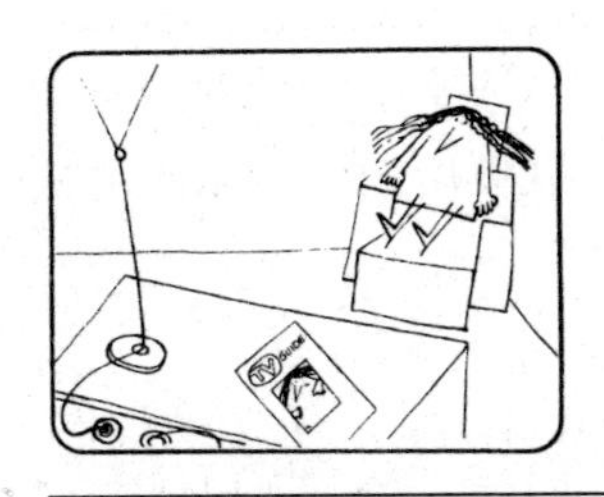

“孤独心”小姐是个统计员，她厌倦了自己一个人待在家里。

“孤独心”小姐：我希望认识一些未婚的男人，我想我应该加入单身一族的活动小组。

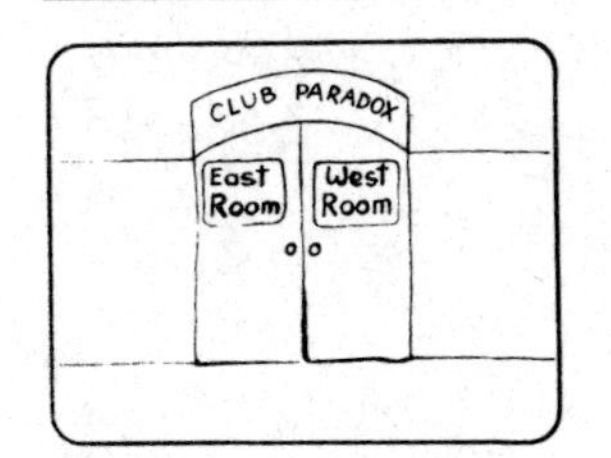

她加入两个这样的小组。一天晚上，两组在悖论俱乐部都有派对，一组在东边房间聚会，一组在西边房间聚会。

“孤独心”小姐：有些男人有胡子，有些没有。有些是放荡不羁的男人，有些是循规蹈矩的男人。我今晚想遇见一个放荡不羁的男人，那我应该去找一个有胡子的男人吗？

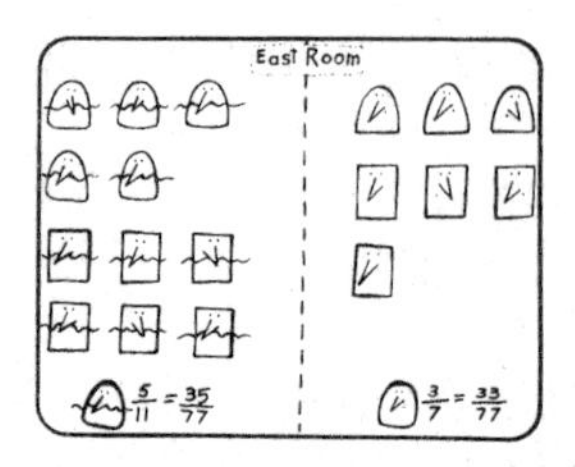

她对东边房间的男人做了个统计学的研究。她发现有胡子的公子哥占到5/11，或者说35/77。胡子刮得很干净的公子哥比例要小一些，占到3/7或者33/77。

“孤独心”小姐：“所以……当我参加东边的派对时我要跟在有胡子的男人后面。”

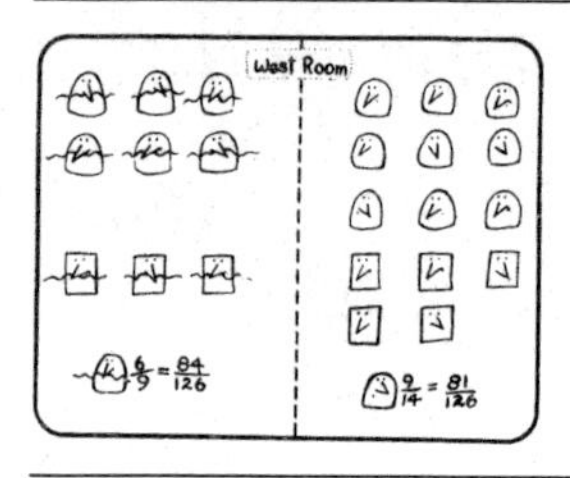

她对西边的那一组做类似的统计。有胡子的公子哥的比例是 84/126，高于胡子刮得很干净的公子哥 81/126 的比例。

“孤独心”小姐：“多简单呀！不管我参加哪个组的联欢会，我只要找留胡子的，就比较容易结识放荡不羁的男人。”

她去俱乐部时，两组决定举行联欢，所有人都到北边的房间。

“孤独心”小姐：“我该怎么办呢？如果每组里有胡子的男人满足我要求的几率大些，那现在依旧是有胡子的男人最有把握。为保险起见我最好还是把参加联欢会的人核对一下。”

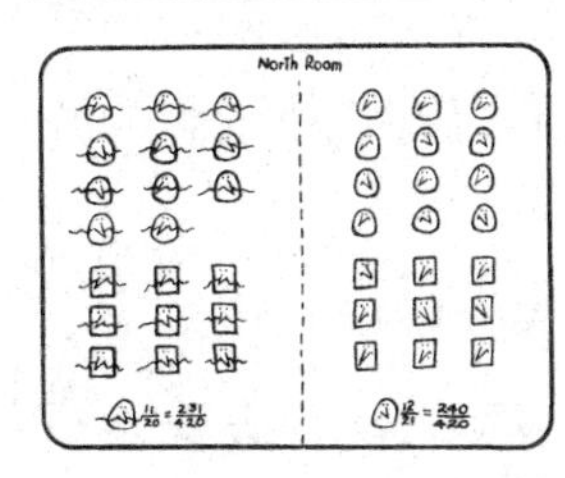

当她完成新的统计表时，她惊呆了！两边的比例变了，现在对于她最有把握的人是没有胡子的男人。

“孤独心”小姐：我不得不改变我的策略，新策略确实奏效了！但我还是不理解，为什么会这样！

这奇怪的悖论很容易就能用玩纸牌演示。红色的纸牌代表放荡不羁的公子，黑色的纸牌代表循规蹈矩的男人。纸牌后面有大X的代表有胡子的男人，没有代表没有胡子的人。

在5张红色的纸牌和6张黑色的纸牌后面写上，再添加没有写的3张红色的纸牌和4张黑色的纸牌。总共有18张纸牌。它们代表东边房间里的男人。

把这18张牌洗好并且让背面朝上。如果你希望自己抽到红色纸牌的机会最大，那你应该拿一张有大X还是没有大X的纸牌呢？正如图片里显示的，很容易就能计算出概率，从而得到：如果拿一张有大X的纸牌，得到红色纸牌的概率是最高的。

西边房间里的男人也照这样来演示。在6张红色纸牌和3张黑色纸牌的背面写上X，再添加9张红色和5张黑色没有写的纸牌。现在总共有23张纸牌。洗一下牌使背面朝上。还是这样，很容易就能看出如果你想抽到一张红色纸牌的话，拿写有X的纸牌几率会大一些。

现在将两部分纸牌合在一起组成一副共41张的纸牌。洗牌摊开，虽然难以置信，但如果计算正确的话，你会发现，如果你想要一张红色的纸牌，那么你拿没有写 X 的纸牌得到红色纸牌的几率更大一些。

统计人员在分析诸如药品测试的数据时会遇到这样的悖论。例如，用纸牌来代表参加两个研究小组的人员。有的代表拿到药品的人，没有的代表拿到安慰剂的人员。红色纸牌代表康复的人员，黑色纸牌代表没有康复的人员。单独来分析的话，每个测试结果都说明药品会比安慰剂更有效果。但当两个测试合并时，结果是安慰剂会更有效。这个悖论说明了设计一个能够得出可靠的统计结果的实验有多么困难！

这个悖论的一个实例是加州大学伯克利分校在 1973 年的关于研究生录取时可能存在性别歧视的研究。大约 44% 的申请研究生工作的男生被录取，而只有 35% 的女生被录取。既然男生女生的资质大概相同，这似乎是很明显的性别歧视。

但是，当分析相同的数据来确定这种歧视发生在哪个学院时，结果却是无论在那一个学院女生的录取率都要高于男生！这该如何来解释呢？这个悖论的产生是由于女生申请率高的研究生工作都是那些学科难度大、拒绝率高的工作。按照专业来看的话，每个专业里女生做研究生工作的机会都要比男生大。只有当把这些数据合在一起时，这种偏差才会转向另一边。那么揭开这个悖论的缘由就能免除学校的责任吗？或许是吧，但是有人质疑是否有可能是在那些女生倾向选择的学科里设置了一些计划使得研究生工作更难做了呢？

亨普尔的乌鸦

一个关于黑乌鸦的著名悖论表明了“孤独心”小姐并不孤独。专家们也仍在尝试解读这个悖论。

如果仅仅有三只或四只乌鸦是黑色的，那么“所有的乌鸦都是黑色的”这一科学规律得不到有力的证实。如果上百万的乌鸦都是黑色的，那么这个科学规律可以得到有力的证实。

乌鸦：“呱呱，呱呱！我不是黑色乌鸦！只要他们从未找到我，他们就永远不知道他们的规律是错误的！”

那黄色的毛毛虫是怎么回事呢？它是可以证实规律的例子吗？

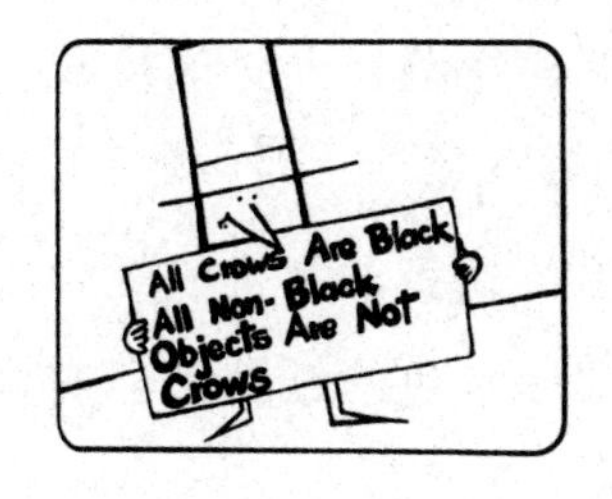

要回答这个问题，我们先来另一种逻辑上等价的说法来陈述这个规律：所有非黑色物体都不是乌鸦。

科学家："啊哈！我发现了一个非黑色物体——一条黄色的毛毛虫。它肯定不是乌鸦，因此，这就证实了这个科学规律'所有非黑色物体都不是乌鸦'。因此这也证实了相应的科学规律'所有的乌鸦都是黑色的'。"

很容易就能找到数以百万计的不是乌鸦的非黑色物体。它们也都能证实这个规律"所有乌鸦都是黑色的"吗？

卡尔·亨普尔教授发现了这个著名的悖论，他认为存在紫色的奶牛的情况事实上的确可以使所有乌鸦都是黑色的概率略微有所提高。其他哲学家都不同意这种观点，你持何种观点？

这是最近才发现的关于"确证理论"的最有名的悖论。N.古德曼（可参见下一个悖论）评论说："无须置身自然就能对鸟类学理论进行调查研究的前景很诱人，我们知道肯定能搞定它。"

问题是如何搞定。亨普尔的观点是观察到一个不是乌鸦的非黑色物体确实能够证实"所有乌鸦都是黑色"的论点，但是这仅仅做到了极小的程度。看看对少数物体所做的假设测试，诸如桌子上有十张正面朝下的纸牌。我们的假设是所有黑色的纸牌都是黑桃。我们一个一个地将纸牌翻过来。显然，每翻开一张黑桃我们的假设就会得到一次证实。

现在我们用不同的说法来表达这个假设。"所有非黑桃的纸牌都是红色的。"我们翻开的每一张不是黑桃又是红色的纸牌都证实了我们第一次的陈述。确实，如果第一张牌是黑色的黑桃，其他 9 张是红色的非黑桃牌，我们就知道假设是正确的。

亨普尔说，之所以用不是黑色的非乌鸦来证明“乌鸦都是黑色”让人奇怪，是因为地球上不是乌鸦的种类相对于乌鸦的数量来说是相当巨大，所以不是黑色的非乌鸦物体的巨大比例对证实我们的假设而言可以忽略不计。此外，如果我们已经知道房间里没有乌鸦，环视一下房间找非乌鸦的物体，房间里没有非黑色的乌鸦便不足为奇。

然而，如果我们没有类似的其余知识，从理论上说，找到非黑色的非乌鸦的东西可以就作为证实前面所说的乌鸦都是黑色的假设的一个例子。

与亨普尔持相反观点的人指出，根据相同的推理，找到一只黄色的毛毛虫或者紫色的奶牛也可以作为证明“所有的乌鸦都是白色的”这个规律的一个例子。同样的物体怎么可能同时用来证明“所有的乌鸦都是黑色的”和“所有的乌鸦都是白色的”两个规律呢？关于亨普尔悖论的文献非常多，这个悖论在关于知识确证的辩论中起到核心的作用，知识证实是韦斯利·C.萨蒙（Wesley C.Salmon）（1973 年 5 月）发表在《科学美国人》的文章《证实》的主题。

古德曼的“绿蓝”

另外一个“证实理论”的著名悖论基于这样一个事实：很多物体随着时间的推移而改变颜色。绿色苹果成熟后变成红色，头发在人年老时变成白色，银子时间长了退去光泽。

古德曼把一个具有两种状态的物体叫做“绿蓝”。首先，在本世纪之前它是绿色的。其次，在本世纪之后是蓝色的。

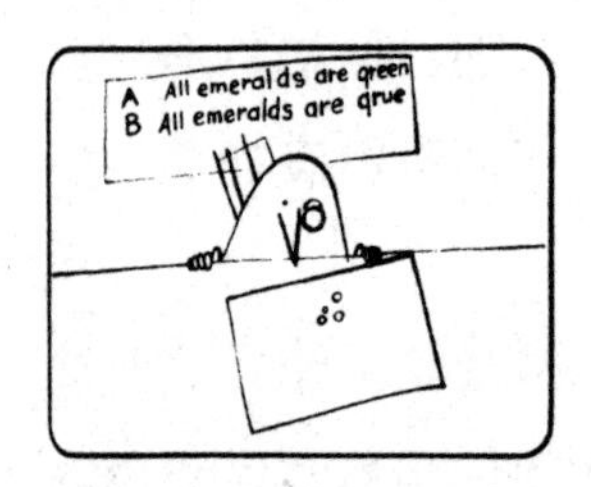

现在看一下两个不同的规律：“所有的祖母绿都是绿色的”和“所有的祖母绿都是绿蓝的”。哪一个更能得到证实呢？

很奇怪。两个都能够得到证实。每次观察祖母绿都是证实这两个规律的例证，尚没有人观察到一个反例！很难准确解释为何一条规律被接受而另外一条不被接受。

亨普尔和古德曼的悖论表明我们尚不知统计学如何成为科学方法。不过，我们确实知道没有了这个宝贵的工具，科学就无法继续探索统治我们神秘的宇宙的自然法则。

❻时间

关于运动、超级任务、时间旅行以及时光倒流的悖论

从最小的亚原子粒子到最大的星系，宇宙始终处于不断变化的过程中，在时间不可抗拒的“流动”中，它奇妙的形式每一微秒都在变化着。(我之所以将“流动”加引号是强调宇宙在流动中。说时间流动就跟说长度扩展一样没有意义。)

很难想象一个没有时间的现实世界。一个仅仅存在零秒钟的物体根本不存在。能这样说吗？无论如何，宇宙的流动模式是恒久不变的，可以测量，从而得出一些数据和方程。纯数学可能被认为是“没有时间的”，但是在应用数学中，从简单的代数到微积分以至更深的领域，大多都要处理以时间为基本变量的问题。

本章汇集了各种关于时间和运动的著名悖论。其中有些悖论，例如芝诺悖论，古希腊人已开始争论不休。其他的诸如相对论里时间的“膨胀”和执行超级任务的无穷大机器都是20世纪的产物。所有这些都应激起你对悖论和数学问题的兴趣。

下面这些悖论可作为切入严肃数学和科学的几种方式。

自行车轮悖论涉及摆轮曲线，它很好地介绍了对比二次曲线更复杂的一些曲线。

受挫的滑雪者形象地说明了简单代数能够证明不可思议的结果。

芝诺悖论、橡胶绳、超级任务和奔跑的小狗介绍了极限概念，对理解微积分和高等数学问题是至关重要的。它们的解析依赖于康德的无限集合理论，我们在第二章提到过。

橡皮绳上的虫子用一个著名的级数——调和级数来解决。

关于时光倒流、快子和时间旅行的悖论介绍了一些对理解相对论很必要的基本概念。

通过假设存在分叉小路和平行世界来避免时间旅行悖论，这种方法介绍了量子力学中一种理解被称作“多世界解释”的奇怪理解方式。

最后一个悖论是关于决定论和非决定论之间的冲突，简要介绍了一个永无休止的哲学问题。

卡洛尔的怪钟

哪一种钟表走得最准？一个每天慢一分钟的钟表，还是一个根本都不再运转的钟表？

路易斯·卡洛尔说：

每天都慢一分钟的钟表每 2 年内会有一次是准的，但停了的钟表，在一天 24 小时内有 2 次报时是准的。所以说停了的钟表更准。你同意吗？

爱丽丝感到困惑。

爱丽丝：一个停了的钟表无论何时在 8 点的位置上都表示 8 点，但我怎么知道什么时候才是真正的 8 点呢？

卡洛尔：这个很简单，亲爱的。你只要手中拿一支枪站在那个停止的钟表旁边就好了。

卡洛尔：你的眼睛盯着钟表，在它走准时，朝它开一枪。这时听到枪声的人都知道此时是 8 点整了。

路易斯·卡洛尔是查尔斯·路德维希·道奇森（Charles L. Dodgson）的笔名。他在英国牛津大学的一个学院教数学。他对两个钟表问题的阐述可在《路易斯·卡洛尔全集》和卡洛尔的其他作品中看到。

那么，卡洛尔是如何判断一个走慢的钟表过多长时间走准一次呢？因为这个钟表开始每天慢一分钟，它要再慢上 12 个小时后才会再准，而要慢上 12 个小时需要 720 天的时间。

令人困惑的轮子

路易斯·卡洛尔的钟表悖论只是一个无聊的笑话。但是这里的例子却不是这样的。你知道自行车轮子的上边要比下面转得快吗？

这就是为什么自行车在旋转的时候上半部分的辐条要更脏一些。

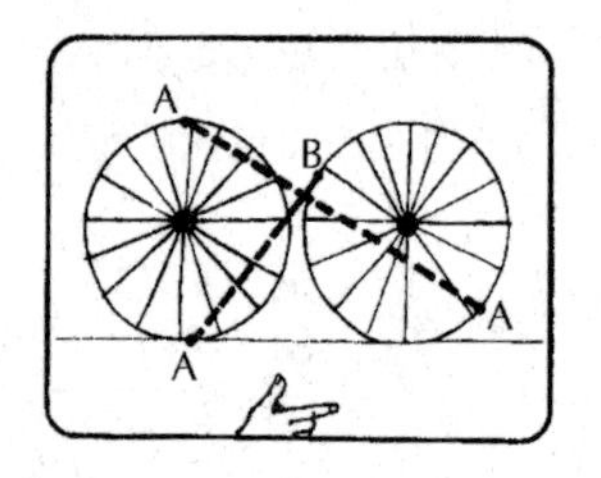

当轮子转起来的时候，观察轮子上的两个点：点 A 和点 B。在上面的点 A 转得要比在下面的点 B 快。速度是单位时间内所经过的距离，因此，点 A 比点 B 转得快，对吗？

比较转动的车轮上端、下端的转速，当然是指普遍认为的地面速度。说明这个悖论的最好的方法之一是利用叫做摆线的曲线。当轮子沿着直线转动，轮子边缘上的任何一点都可以产生摆线。当这个点触及地面时，它的速度就为零。当轮子转起来时，这个点的速度也在加快，当到达这个轮子的最高点时速度达到最大。然后，又减速，当这个点再次触及地面时，它的速度又降为零。在有凸缘的轮子上，例如，火车的车轮，凸缘上的一点在低于车轨时，实际在向后移动了一小段。

摆线有很多优美的数学性质和机械性质。我们已在我的第六本《科学美国人》上的数学游戏中的第 13 章《摆线：几何学的皇后》讨论过。该章说明如何用转动的咖啡罐来画摆线。

画出这个曲线，并计算出它的方程，这样更好欣赏曲线的优美和与众不同的性质。

失望的滑雪者

滑雪者：真是个滑雪的好天气啊！我真希望缆车速度能超过每小时 5 公里。

如果这个滑雪者希望把上下坡往返全程的平均速度提高到每小时 10 公里，那么他应该以多快的速度往下滑？

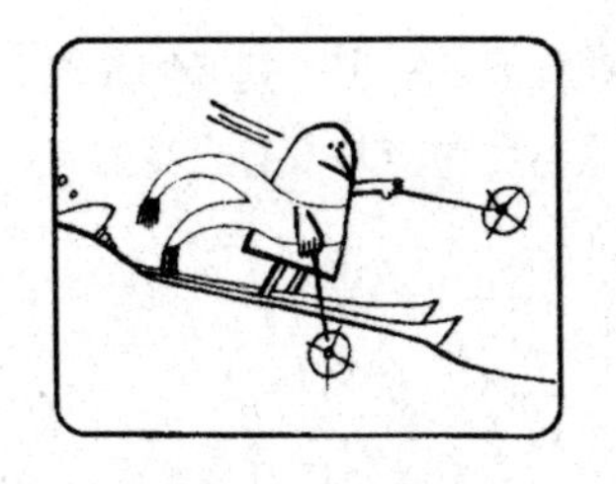

每小时 15 公里？60 公里？100 公里？难以置信，但是唯一的办法就是通过零时间下滑把平均速度提高到每小时 10 公里。

你最初也许认为这个悖论取决于上下坡的路程。岂知这个变量跟这个问题无关。滑雪者上坡时以某个速度滑过一定的路程。他想下坡时使他往返全程的平均速度加倍。但要达到这个目标，他必须在上坡花费的时间内滑行原路程的两倍。很显然，这就要求他下坡必须不花任何时间。既然这是不可能的，因此他绝不可能把平均速度从每小时 5 公里提高到 10 公里。用简单代数很容易证明这一点。

芝诺悖论

古希腊人发明了很多关于时间和运动的悖论。其中最著名的一个是芝诺关于跑步者的辩论。

芝诺的跑步者推理如下：

跑步者：在我到达终点线之前，我必须先经过中点。然后我要经过 3/4 点，也就是剩下的路程的一半。

跑步者：在我跑最后的 1/4 时，我必须先跑到这段路的中点。因为这些中点是没有止境的，我永远不能到达终点。

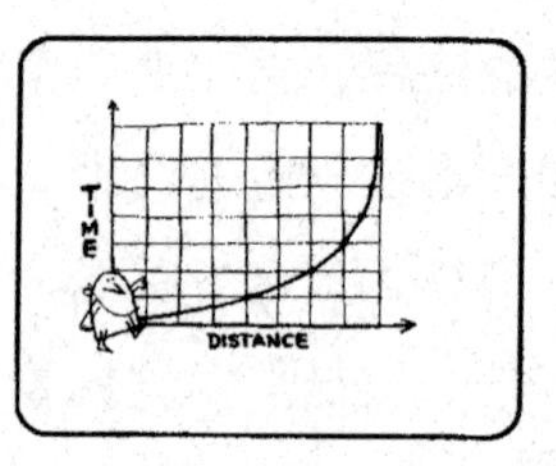

假如跑步者跑完每个一半的路程花费 1 分钟。这个时间-距离图标展示了他是如何一步一步接近终点但永远到达不了终点。他的说法正确吗？

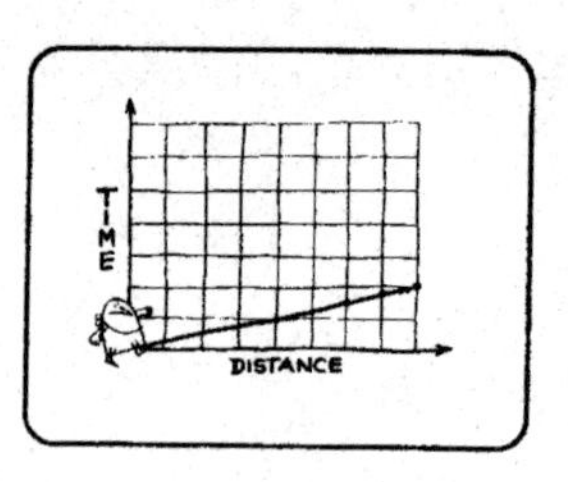

不对，因为这个跑步者跑完每一半路程花费的时间不是 1 分钟。他跑完每一段的时间是前面一段的一半。他到达终点的时间仅仅 2 分钟，即使他必须要经过无限个中点。

芝诺设计出一个著名的关于阿基里斯的悖论。勇士阿基里斯想要捉住一只 1 公里之外的乌龟。

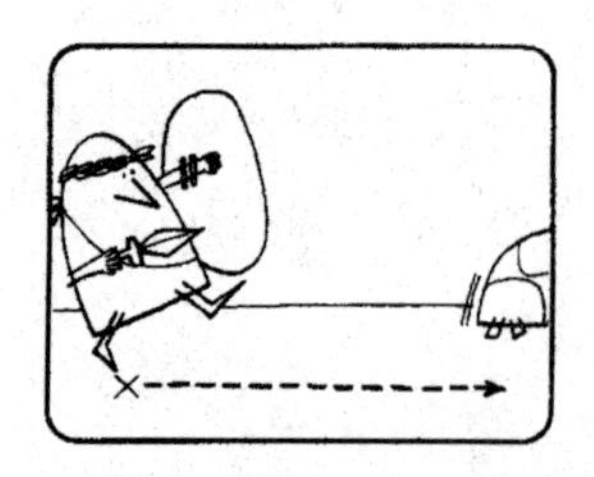

当阿基里斯到达乌龟曾经待的地点时，乌龟已经向前爬了 10 米。

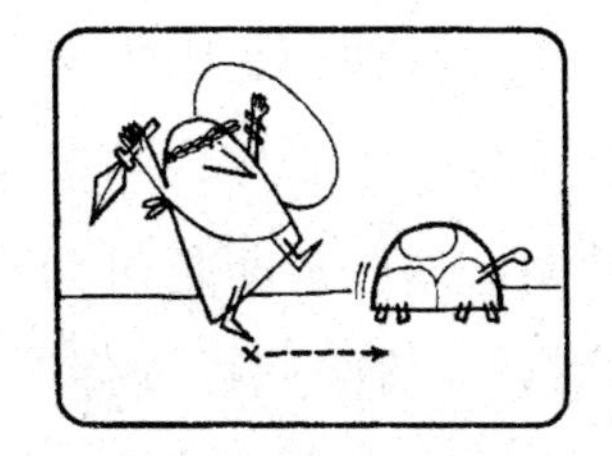

但是，当阿基里斯跑到 10 米处时，乌龟又往前移动了。

乌龟：你永远都追不上我，老朋友！无论你何时到我原先所在的地方，我就已经跑到前面一截了，哪怕这个距离比头发丝还小。

芝诺当然知道阿基里斯能够追上乌龟。他只是在用浅显的道理说明，将时间和空间看成是由一连串的离散点组成，就像一串念珠前后相连那样，导致的悖论结果。

在这两个悖论里，我们必须要把两个跑步者当作沿一条直线做匀速运动的点。芝诺清楚由 A 向 B 运动的点肯定到达了 B 点。芝诺的这两个悖论试图说明，当一个人试图把一条直线分成若干分离的点，这些点依次往下排列，同时把时间划分为若干个前后相随的点，并以此来解释运动时所遇到的困难。

就像我们之前做的，仅仅说明这个跑步者肯定能够到达 B 点，因为他跑每个一半的路程所需时间是前面的一半。这并不能使芝诺满意。他会答复说“正如在直线上总有另一个半点要到达，因此总有另一个半点时的时间”。总之，芝诺应用到直线上的论点同样能应用到时间序列里。时间会一点点接近 2 分钟，但是总有无限个刹那要经过。阿基里斯和乌龟的悖论也同样如此。这个无限过程里的每一步总会有一个无限的下一步去完成，不论在空间上还是时间上。

许多科学哲学家赞同罗素在他的著作《客观世界的知识》第六章对芝诺悖论所作的著名讨论。罗素指出，只有康德提出的无限集合论才能有效地解答芝诺悖论。

康德的无限集合论将空间中的点和时间中的事件的无限集合看做是完整的一体而不只是一些孤立的点和事件。芝诺悖论的中心在于我们不可能看到那些时间和空间的片断，这些片断是由无限个成员构成的。而这些成员会像雪地上的脚印一样分散。这个悖论的解决需要像康德的理论一样的理论，能够用一个系统的无限集合理论将我们对于孤立的点和事件的直觉概念联结到一起。

橡皮绳

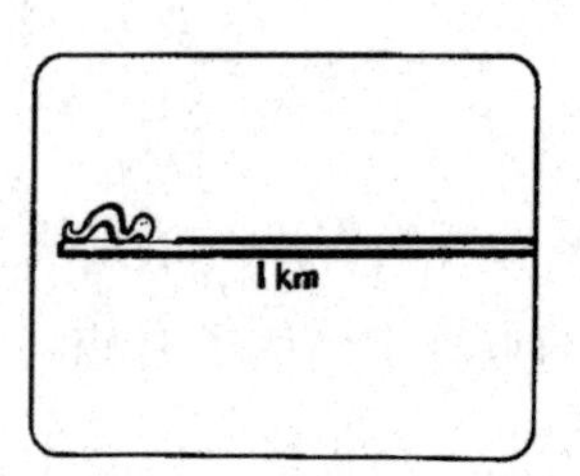

这是芝诺没有想出来的一个新悖论。一条虫子在一根橡皮绳的一端。这根绳子长 1 公里。

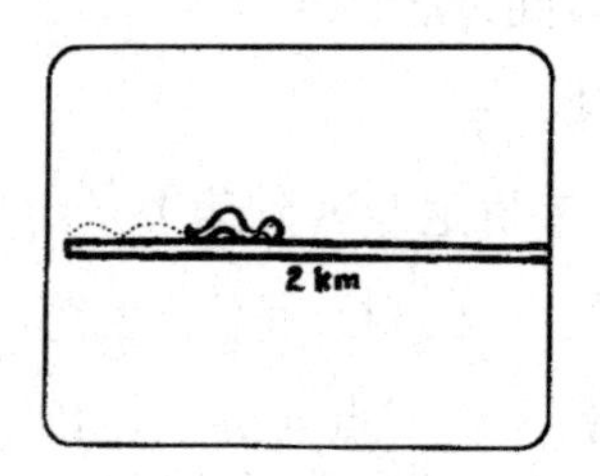

这条虫子以每秒 1 厘米的速度沿绳子爬行。在第一个 1 秒钟后，这根绳子像橡皮筋一样拉长到 2 公里。第 2 秒钟后，它又拉长为 3 公里。照这样一直下去。那么虫子能够到终点吗？

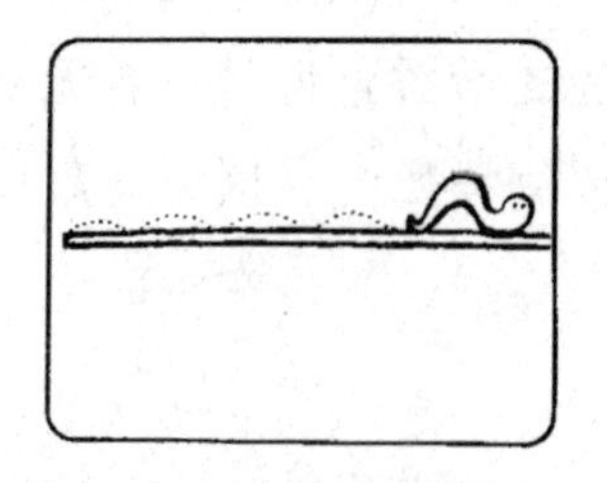

你的直觉告诉你，虫子永远到不了终点。但是，它爬到了。那它用了多久呢？

这个问题的关键是理解这根绳子像橡皮筋一样始终在伸长，而且拉长的速度是均匀的。这就意味着在拉长过程中虫子也向前挪了。解决这个疑惑的一个很好的方法就是每秒过后测量虫子的进程和绳子长度，构成一个分数，当这些分数的和到 1 时，虫子就到达了绳子的终点。

1 公里有 10 万个 1 厘米，因此在第一秒末，虫子前进了绳子长度的 1/100 000。下一秒过后，虫子前进了另外一厘米。这个距离占到新的 2 公里长的绳子的 1/200 000。第三秒过后，虫子又前进了绳子长度的 1/300 000，此时绳长 3 公里，照这样一直下去。在 k 秒过后，虫子的进度，用占到整条绳子长度的分数来表达，是

$$\frac{1}{100\,000}\left(\frac{1}{1}+\frac{1}{2}+\frac{1}{3}+\frac{1}{4}+\cdots+\frac{1}{k}\right)$$

括号里的级数叫做调和级数。注意从 1/2 到 1/4 的各项的和，也就是 1/3 和 1/4 的和，超过了 $2\times1/4=1/2$。同样，从 1/4 开始到 1/8 的各项的和超过 $4\times1/8=1/2$。因此从 1/1 到 $1/2^k$ 这个级数的和总是超过 $k\times1/2=k/2$，把这些项加在一起就能得出来。首先计算两项的和，然后是下面四项，接着是下面八项，一直这样下去。这个调和级数的向量和能够跟你期望的一样大。

虫子在 $2^{200\,000}$ 秒之前到达绳子末端。更精确地估算是 $e^{100\,000}$ 秒，e 是自然对数的基数（e 是比 2.7 稍大的无理数)。这里给出了时间（以秒计算）和绳索的长度（以公里计算)。

关于计算一个调和级数向量和的精确公式，可以参考《美国数学月刊》里小博斯（R.P.Boas, Jr.）和小伦奇（J.M.Wrench, Jr.)，所写的《调和级数向量和》(1971 年 10 月，第 78 卷，第 864-870 页)。绳子最后的长度证实要比目前所知的宇宙的直径还长得多得多，虫子爬到末端所用的时间大大超过了我们所估算出的宇宙的年龄。当然，问题是能否有一个理想的虫子，这个虫子就代表一个位于理想的绳子上的一点。若是条真虫子，那么它没有爬多久

就死掉了，而一根真正的绳子拉伸得细到它是由我们无法想象的巨大的空间所分隔的分子构成。

不管这个问题的参数：绳子的原始长度，虫子爬行的速度和每单位时间绳子拉伸的长度，虫子总能在有限的时间内到达绳子末端。真正的问题是通过改变绳子伸缩的方式产生的。例如，如果绳子以几何级数拉长，譬如每秒后拉长一倍。在这种情况下，虫子永远到不了绳子的终点。

超级任务

哲学家正在争论一组新的叫做“超级任务”的时间悖论。最简单的一个跟台灯有关。台灯的开关是由按钮来控制的。

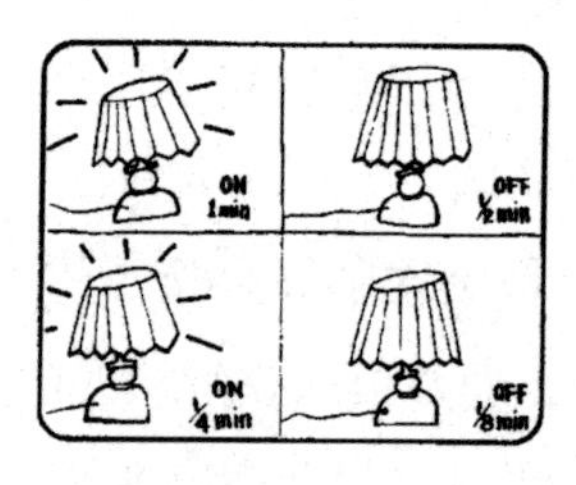

先把台灯打开 1 分钟，然后关上 1/2 分钟，再打开 1/4 分钟，一直照这样下去。这个级数的末了恰好是 2 分钟。在结束之后，台灯是开着的还是关着的？

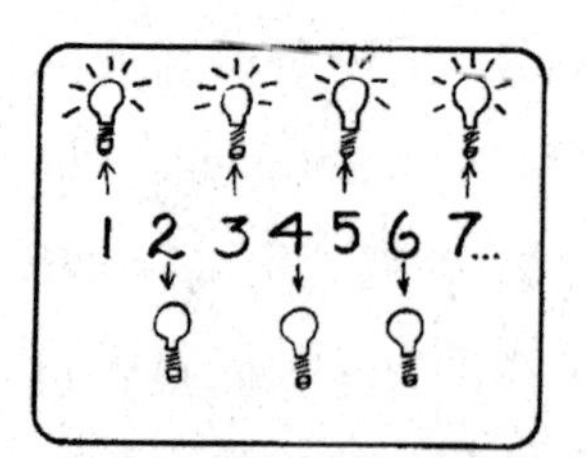

按钮每按奇数次是打开台灯，每按偶数次是关上台灯。如果过程结束时台灯是开着的，就意味着最后按按钮的次数是奇数。如果台灯是关着的，则表示最后一次是偶数。但是如果没有最后按按钮的计数，台灯不是关着就是开着，但是无法知道台灯究竟是开着还是关着。

科学哲学家对于如何弄清关于“超级任务”的悖论意见尚不一致，所谓的“超级任务”是由“无穷大机器”完成的任务。台灯悖论被称为汤姆森台灯，是以首次写出有关这个悖论的詹姆斯·J.汤姆森命名的。所有人都认为汤姆森台灯不可能造出来，但问题的关键不在这里。关键是如果做出某些假定，这种台灯在逻辑上是否可以接受。有些人认为这种台灯是富有意义的“思想试验”，但另一些人说它很无聊。

这个悖论颇为麻烦，因为似乎没有任何合乎逻辑的理由说明为什么台灯不能完成一个开和关的无穷序列，就如芝诺的跑步者一样。如果芝诺的跑步者可以在 2 分钟内跑完无穷个中点，那么为何这种台灯的理想的按钮不能在恰好 2 分钟内结束无数次开关这个系列过程呢？但是，如果台灯能够做到这一点，那就证明有“最后的”一次开关次数，这很荒谬。

哲学家马克斯·布莱克提出了同样的悖论，一个无穷大机器在一分钟之内将一枚玻璃球从 A 盘转到 B 盘，然后在 1/2 分钟内将球从 B 盘转到 A 盘，在接下来的 1/4 分钟内又把球放回 B 盘。如此往复，每次的时间都是这个级数中前一次的一半。这一级数收敛，在恰好 2 分钟后结束。球去哪了？如果在其中一个盘子上，意味着我们最后的计数是奇数或是偶数。既然没有最后的计数，那么两种可能都排除了。但是如果小球不在盘子里，那么去哪里了？

如果你对“超级任务”有兴趣，可以阅读《芝诺悖论》再版的有关超级任务基础知识的论文，此书是由 W.C.萨尔蒙编辑的一本文集。这些悖论在阿道夫·格伦鲍姆的《现代科学和芝诺悖论》一书里有详细的分析。

玛丽、汤姆和菲多

下面是由一条小狗完成的超级任务。开始，小狗菲多跟它的主人汤姆在一起。玛丽在离他们 1 公里处。

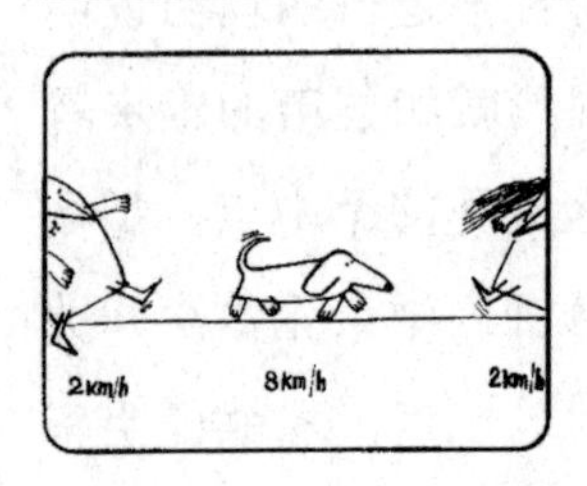

汤姆和玛丽以每小时 2 公里的速度相向步行。菲多很爱两个主人，以每小时 8 公里的速度在他们之间来回跑。假设它来回跑掉头是在瞬间内发生的。

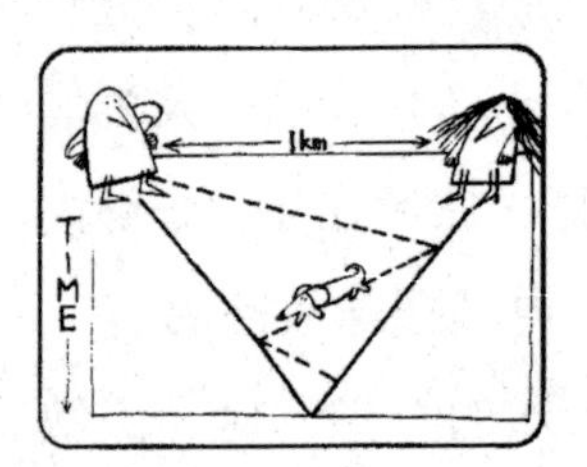

在这张时间-距离图标上很容易看出菲多跑的路线。当汤姆和玛丽在路中间相遇时，菲多是面对汤姆还是玛丽呢？

这个问题正如台灯是开着还是关着一样不可能回答。但是我们能够帮助汤姆算出小狗跑了多远。

汤姆：可恶，玛丽。我得计算一个复杂的之字形级数的和。

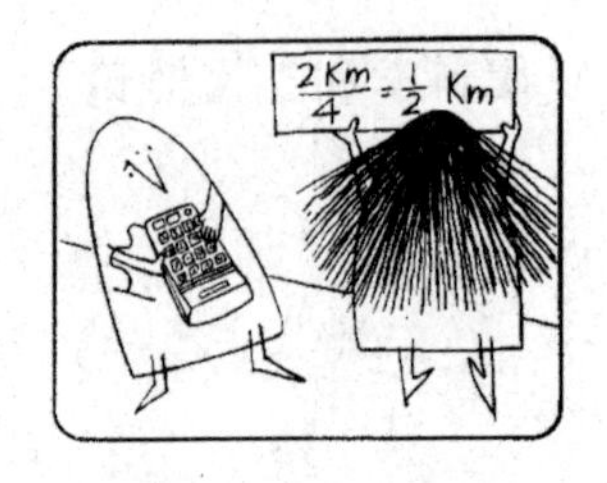

玛丽：不，你不能，你闭嘴。我们每人每小时走 2 公里，所以我们每人每 15 分钟走 0.5 公里。我们出发时相距 1 公里，那么我们在第 15 分钟时相遇。

玛丽：菲多以每小时 8 公里的速度来回跑，所以在 15 分钟内，它跑完了那段路，也就是 2 公里。

汤姆：哎呀，你对了！我甚至连这个计算器都用不着了。

假设汤姆、玛丽和菲多在同一段路的中间出发。当菲多在中间跑的时候，汤姆和玛丽以原来的速度往回走。当汤姆和玛丽到达小路的两端时，菲多在哪里？

虽然似乎不可能，但是小狗就在汤姆和玛丽之间的任何一点。如果你不信，把菲多放在他们之间任意一点，然后按时出发。最后，他们三个会在中间汇合。

在第一个问题里，玛丽和汤姆相向而行时菲多在他们中间来回跑，这是一个经典问题，可以有很多不同的故事。有时是一只在两台相互靠近的机车之间来回飞的小鸟，有时是一只在两辆相互靠近的自行车之间嗡嗡着飞来飞去的苍蝇。

有个故事讲的是一个著名的匈牙利数学家约翰·冯·纽曼。有人给他讲了一个类似的问题。他想了一会儿就做出了正确的回答。给他讲这个问题的人向他表示恭喜，并说，“大多数人认为他们必须用一种很难的方式来解决这个问题，就是通过计算走过的路径线段的无穷级数之和。”冯·纽曼看起来很惊讶，说道，“我就是那么做的啊。”

当汤姆和玛丽相遇时，菲多面朝哪呢？这就跟问汤姆森台灯是开着还是关着，或小球在 A 盘还是 B 盘的问题一样。似乎小狗必须要么面朝汤姆要么面朝玛丽，但是无论面向谁都意味着应用到之字形无穷数列里的最后计数不是奇数就是偶数。

我们把这个过程的时间逆转，就是让汤姆、玛丽和菲多从这段路的中间出发，然后让汤姆和玛丽背道而行，同时小狗在他们之间来回跑。这时又会出现另一个悖论。直觉告诉我们，一个明确的程序如果时间逆转的话，在所有运动都朝向相反方向的意义上，我们必须在开始的那一刻结束。这种情形的蹊跷处在于当时间逆转后，这个程序不再是明确的了。如果事件按时进展的话，当事件结束时菲多正好到路中间。但当同样的事件反过来进行时，菲多最后的位置却无法确定。小狗可能在道路上的任一点。

关于这个悖论较详细的讨论可以参看 W.萨尔蒙发表在《科学美国人》1971 年 12 月数学游戏部分的分析。这个问题及之前的关于超级任务和跑步者的悖论对于极限的概念和几何级数求和的应用做出了描述性的介绍。

菲多的之字形路线跟弹跳的小球的路线相似。下面是个简单的关于弹跳的小球的问题。假设一个理想中的小球从一米高的地方抛下。那么小球总是会弹跳到原来高度的一半。如果每次弹跳要 1 秒钟，它将永远弹跳不止。但是，正如芝诺的跑步者、台灯、玻璃球机器和小狗菲多一样，小球每次跳的时间总比前次短。这种情况下，每次连续的弹跳都是前次的$1/\sqrt{2}$倍。时间级数也收敛到一个极限，就是说小球在一段有限的时间之后停止弹跳，即使（在理论上）它做了无限次弹跳。小球所经过的距离是 $1+1/2+1/4+\cdots+1/n=2$ 米，不算最开始的那次。

假定小球每次总是跳到它前次高度的 1/3。那么，它停下时，跳过了多少距离？

时间能否倒流?

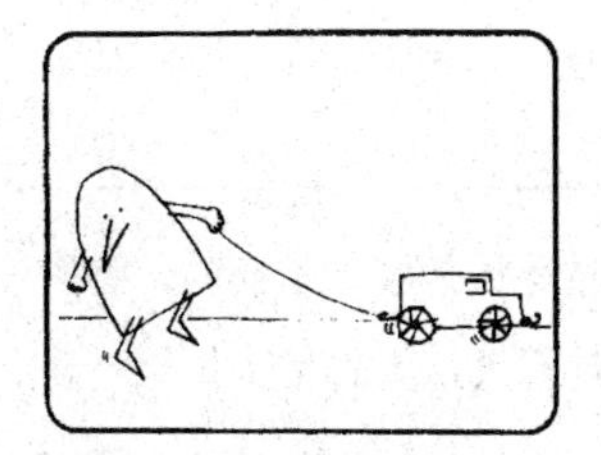

当某几个动作反转时，如一个人倒着走或是一辆车倒着开。看起来时间已经倒流。

这首熟悉的歌……

……倒着播听起来很有趣。

生活中的大多数事情都不可能逆转的。

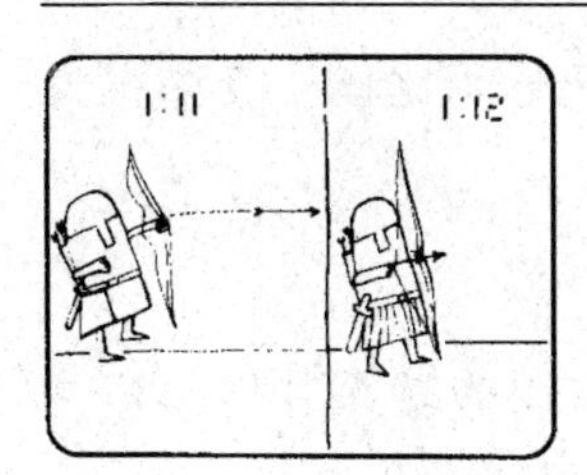

时间就像一把剑，总指向一个相同的方向。即使一首歌倒播，歌词仍然一个一个随着时间向前推移。

我们不能预见未来，但我们可以回顾过去。当你看见一颗一千光年以外的星星时，你看到的还是一千年以前这颗星星的样子。

可是，回顾过去和身临其境是不同的。将来是否有可能，能进入时间机器真正地去体验一下过去和未来？

如果把运动的方向倒转，想象一下，哪些事情可以“时间反演”，哪些不可以。有一个好的方法可以使差别很明显：用一个电影摄像机将事件拍摄下来。然后，再在屏幕上放映，不过影片要倒着播。哪些事情看起来违背了自然规律，哪些并不违反自然规律？

例如，一辆车倒着开的画面并非不可能。可能司机只是在倒车。但是，一个跳水者先把脚从水里拿出来，然后回到跳板上，这种情况立即使人看出电影在倒播。同样的一个在地板上收拢在一起的破碎的鸡蛋，然后跳回到一个人的手里。这样的事情在现实生活中绝不会发生。

即使一个事件通过改变运动方向而“时间反演”，如倒播录音，事件仍然会随时间向前播放。箭通常向着它指向的方向运动。设想一下你看到一支箭穿过天空返回到射手的弓中。箭返回弓中之前，必定在半空中。亚瑟·爱丁顿爵士曾把时间比作一支象征性的箭，总是指着同一方向。在宇宙中的事件，看似总是无情地从过去到将来而从来不是从将来到过去。

在近几年，物理学家和宇宙学家一直在思索着在其他宇宙中事件“倒转”的可能性。诺贝尔奖获得者理查德·费曼（Feynman）

曾解释量子力学，认为反粒子视为粒子暂时的时间逆转。你可以在我的《灵巧宇宙》第二版的后四章中看到关于这些幻想的设想。

时间机器

布朗教授刚刚回到了30年前，他正注视着还是婴儿的自己。

布朗：假如我杀了这个婴儿。那么他就不会长大，不会成为布朗教授。那我会突然消失吗？

现在布朗教授又旅行了30年，来到未来世界。他正在实验室外的橡树上刻上他的名字。

教授返回了现在。几年后他决定砍掉这棵橡树。当他砍完树之后，他感到非常困惑。

布朗：嗯，3年前，我漫游了30年，来到未来，在这棵树上刻上了我的名字。从现在起我从过去来到27年后的这里，会发生什么呢？什么树也没有了。刻有我名字的那棵树会从哪儿来呢？

数以百计的科幻小说、电影和电视都反映过关于到过去或未来的时间旅行。这种类型的经典故事就是H.G.威尔斯写的《时间机器》一书。

时间旅行在逻辑上会不会可能，或者这个观念会不会导致矛盾？很明显，假设只有一个宇宙，随着时间向前推移，任何一个回到过去的尝试都会导致逻辑上的荒谬。

考虑第一个悖论。一个时间旅行者来到过去，看到自己是个婴儿。如果他杀死这个婴儿，那他将会既存在，又不存在。如果这个长大成为布朗教授的婴儿被杀死了，那么布朗教授是从何而来？

第二个悖论更加微妙。布朗教授跑到时间前面，在树上刻上他的名字，这里没有矛盾。矛盾是在他返回现在时之后发生的——在他返回以后。他砍掉了那棵树，使它从未来消失了。所以我们又碰到了矛盾。在未来的某个时候，树既存在，又不存在。

快子电话

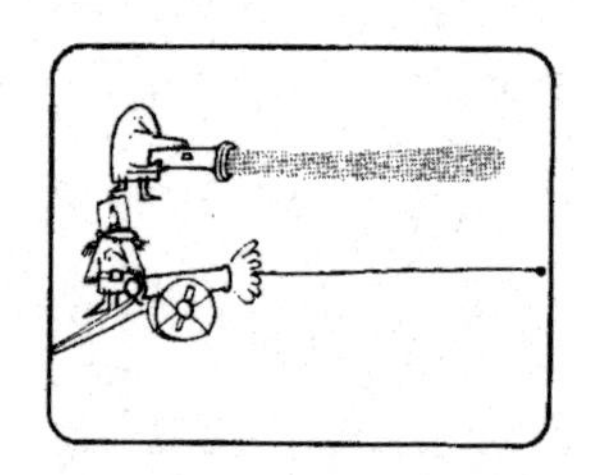

最近几年，物理学家推测有一种叫做快子的亚原子。快子运行的速度比光快。根据相对论，如果快子存在的话，它们随时间逆向运动。

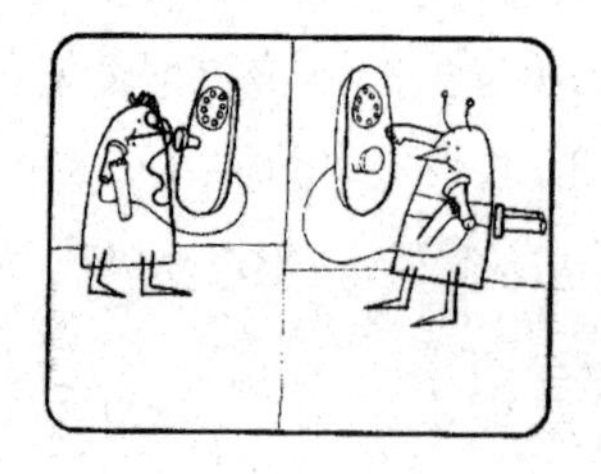

布朗教授想他发明了一部快子电话，可以跟在另一个星系的朋友伽马博士通电话。

布朗教授正在给他的学生讲一个实验：

明天中午，我用我的快子电话和伽马教授通话，我告诉他挂断电话，让他数经过窗外的飞机的数目，然后再给我打电话告诉我飞机的数目。

助手：这不可行，先生。

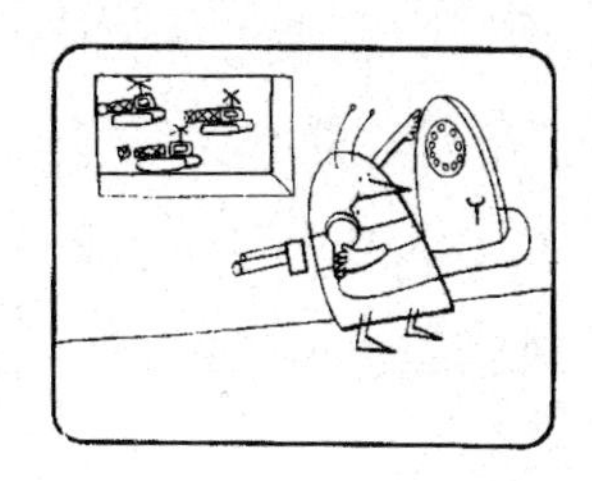

布朗：为什么不行？小姑娘。

助手：因为快子是逆着时间走的。伽马博士会在中午前一个小时接到你的电话，他再打过来的电话时又往回一小时。所以，你就是在你提问之前 2 个小时就得到了回电，这不可能。

这段对话证明没有必要让人回到过去而产生这样一个悖论。如果任何一种信息或物体在时间上回溯，就会产生矛盾。例如，布朗在星期一对自己说："下个周五，我要把我的领带放在这台时间机器里，把它送回星期二，也就是明天。"的确，星期二他在时间机器里找到他的领带。假设他接着把那条领带烧了。那么到星期五，就没有领带可送回来了。又是如此，在星期五，领带似乎既存在，又不存在。当布朗教授把它送回到星期二时，它是存在的，但是现在是周五，却没有领带回来。

但是，快子被很多物理学家看重（见《科学美国人》1970 年 2 月 G.范伯格写的《比光还快的粒子》一书）。根据相对论原理，光速是普通粒子速度的上限。然而，物理学家推测，可能存在一种范伯格称之为快子的粒子，其运动速度一直比光快得多。对于快子来说，光速是它的速度的下限。相对论要求，如果这种粒子存在，则它必须时间上向后推移，就像我们熟悉的五行打油诗中的女士那样：

年轻女子叫明亮，

行走速度比光快。

一日外出，

按相对，

前晚就已回家里。

这个电话悖论没有证明快子不可能存在。但这的确表明，如果快子存在，它们是无法用于通讯的。如果用了，就会出现上述的逻辑矛盾。更多有关这个悖论的阐述和对快子研究的有关问题，可以参见本福德（G.A.Benford），布克（D.L.Book）和纽康姆（W.A.Newcomb）写的《快子反电话》一书（《物理评论》1970 年 7 月 15 号，第二卷，D）。

并行世界

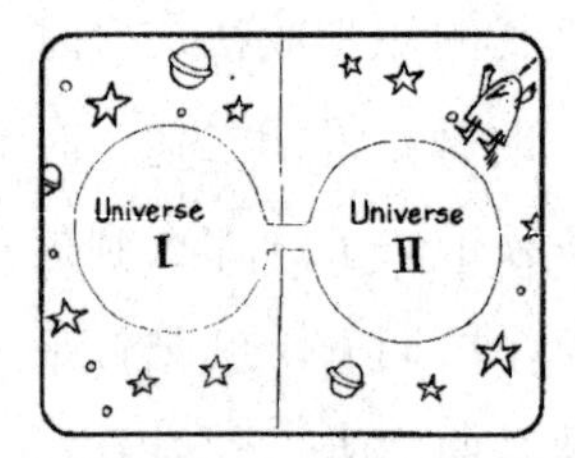

科幻小说作家们想到一个奇妙的办法来避免时间悖论。他们想如果有个时间旅行者进入了过去，那么整个宇宙将分成等同的两半，各自都在不同的时间—空间中。

这个办法是这样的：假设你回到 1930 年，开枪杀死了希特勒。希特勒一死，宇宙立刻分成两个平行的世界或时间线。

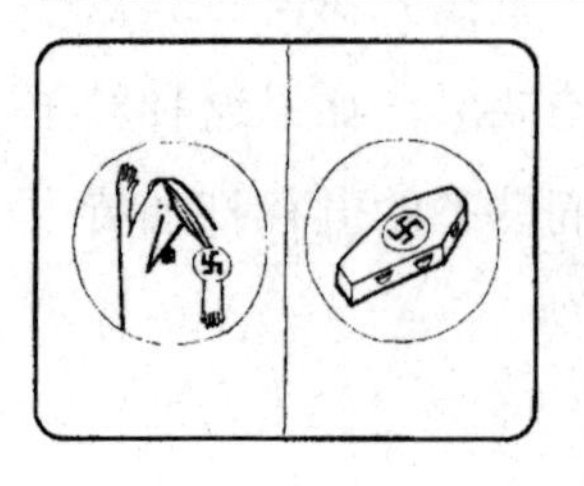

宇宙 I 希特勒活着，宇宙 II 希特勒死了。

如果你从宇宙 II 又回到现在，你会从旧报纸中得知希特勒是怎么被杀的。你离开的世界，因希特勒没有被杀死，是一个你永远回不去的世界。

这个宇宙分叉理论有很多奇怪的可能性。假设有一年你回来了，你在和你自己握手。

斐 1：你好，斐姆斯特。

斐 2：很高兴见到你，斐姆斯特。

后来，你们当中一个不管是谁又跳进时间机器。然后又返回碰见两个斐姆斯特。现在有三个斐姆斯特。这样重复，就会有数以百计个斐姆斯特创造出来。

以上各图描述的是一种使人可以回到过去而且并不出现逻辑矛盾的奇妙的方法。科幻小说家首先想出了这个办法，数十个科幻小说都是基于这个办法创作出来的。窍门是无论什么时间一个人或者事物一旦进入了过去，世界就会分成两个平行的世界。如果是这样，那么就不会有布朗教授既存在又不存在这一矛盾，也不会有橡树既存在又不存在的矛盾。如果有两个平行的世界，那么布朗教授（或橡树）会在一个世界中存在而另一个世界里却没有他（它）。

有趣的是，有一种基于分叉宇宙这个观念的量子力学说解释。它被称为“多世界理论”。布莱斯·S.德威特（Bryce S.Dewitt）和内尔·格雷厄姆（Neill Graham）编写的《量子力学多世界解释》

整本书都是对“多世界理论”的介绍。这个疯狂的理论在 1957 年 Hugh Everett III 首次提出。根据这个理论，宇宙在每一微妙都会分裂为无数个平行世界，每一个世界都是在分裂的瞬间可能发生的种种微观事件的一种可能组合。这样会导致无限多个宇宙这样一种难以置信的景象。这些宇宙代表了由种种可能事件构成的每一种可能组合。正如弗里德里克·布朗在他的科幻小说《好一个疯狂的世界》中所描绘的情景：

“如果有无限多个宇宙，那么就必然有一切可能的组合。那么，在某个地方，每一件事都必然是真实的……。有一个宇宙，真有哈克贝利·费恩其人，他做着马克·吐温描写他要做的那些事。事实上，有无数多个宇宙，哈克贝利·费恩正做着每一个马克·吐温也许描写他所做的事情的可能的变体……在各种无限多的宇宙中，其存在的状况都是我们无法用词汇来描述，或者无法用思想来想象的。”

时间延迟

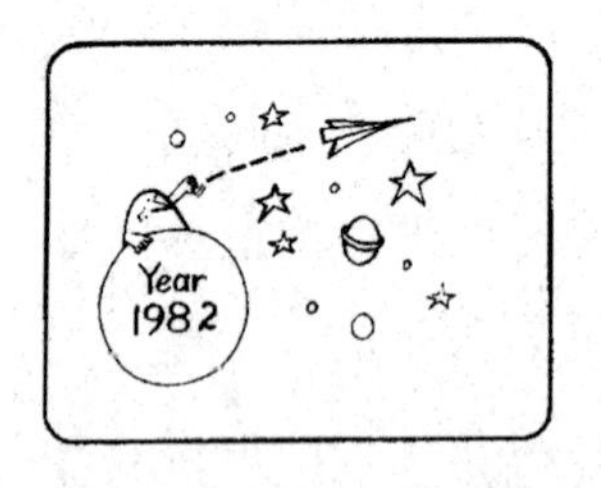

回到过去的旅行产生如此疯狂的悖论，所以没有一个科学家将其当真。但是，到未来旅行是另一回事。假设一个宇宙飞船离开地球，以光的速度飞行。

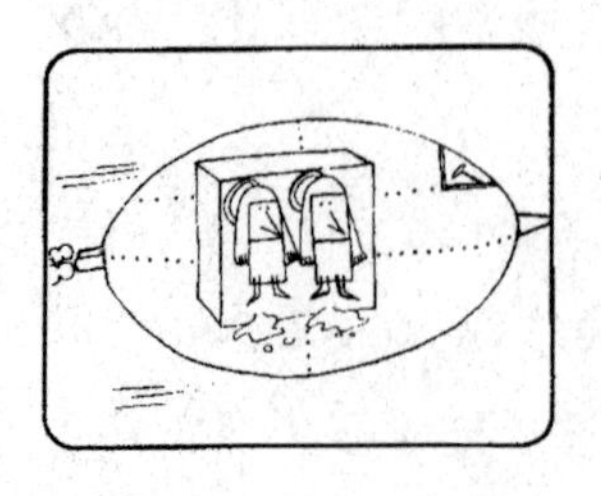

宇宙飞船飞行得越快，时间流逝得越慢。时间对于飞船里面的宇航员来说还如往常一样，但对我们来说，飞船就像雕像一般。

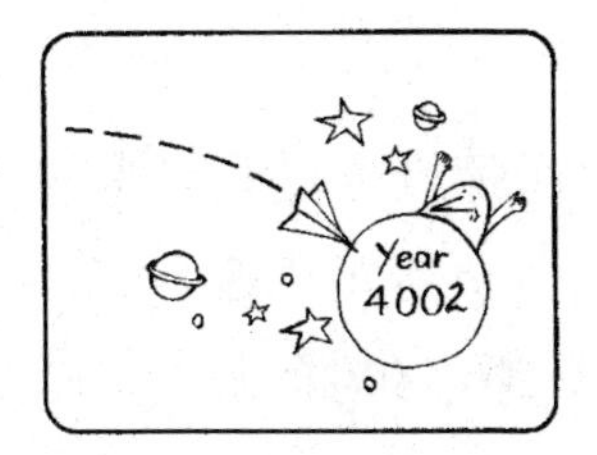

宇宙飞船飞到另一个星系，然后返回来。对于飞船上的宇航员来说，整个旅程好像只经历了5年。但当飞船回到地球时，地球已过了几千年。

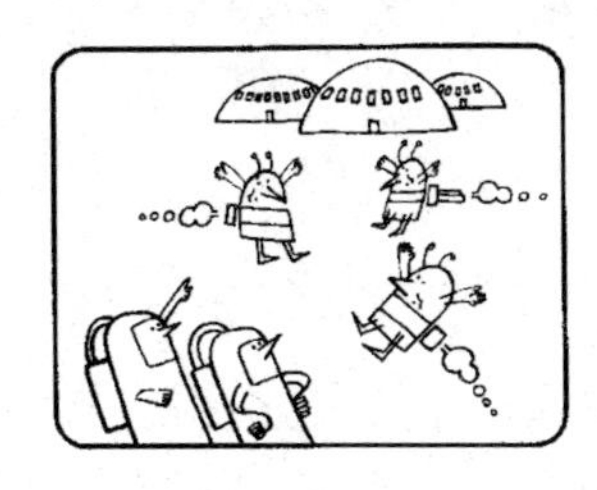

这种时间旅行不会导致悖论。但是宇航员现在困在地球的未来，他们回不来了。

只有回到过去的时间旅行才会引起矛盾，飞向未来的时间旅行不会引起矛盾。毕竟，不管我们是否喜欢，我们都是要到未来的时间旅行者。当你晚上睡觉的时候，你都是在最近的将来醒来的。一个人被置于休眠状态，一千年以后使他苏醒。很多科幻小说和故事都是在“时间旅行”这个基础上写出来的，较著名的有威尔斯的《当熟睡者醒来时》。

如我们的动画画板画的那样，爱因斯坦的相对论给出了一种完全不同的到未来旅行的方法。根据狭义相对论，一个物体对相对于静止的观察者来说，它运动越快，时间过得越慢。例如，宇宙飞船的速度接近于光速的话，那在飞船上的时间要比在地球上的时间慢得多。在飞船上，宇航员不会感觉到有任何异常。他们的表看来正常运转，他们的心脏在以正常的频率跳动，等等。如果地球上的观察者有办法看到飞船的话，那么它们看起来飞行得非常缓慢，就像雕像一样。如果反过来宇航员可以看见地球上的人的话，事件看起来还要慢。飞船返回地球时，宇航员就得被迫改变参照物——这样一个变化是因为他们返回来时，地球已过了一千年。参见我的《相对爆炸》一书有关双生子悖论一章的详细叙述和参考资料。

我们没有注意到这些日常生活现象，原因是只有它们的速度接近光速的时候才能出现这样的情况。传统上，c 表示光速，平均每秒大约 186 000 英里。表示由地球上的钟表测出的时间长度，表示由以匀速飞行的飞船上的表测得的时间长度，简单的公式为：

$$T' = \frac{T}{\sqrt{1-\frac{v^2}{c^2}}}$$

以上公式中，用常见的速度代替根式中的，这个根式的值接近 1，那么 T 和 T'基本相等。但是如果你给 v 一个值为 $0.5c$，或 $0.75c$，或 $0.9c$（高速亚原子粒子达到的速度），时间延迟会相当大，在实验室就可以进行测量。这些测量的数据有力地证明了狭义相对论。

命运、机遇和自由意志

虽然物理学家对时间了解得越来越多，但是时间的本质依旧是神秘莫测的。最大的一个问题就是，未来是否能够完全决定。

决定论者：未来是什么，就是什么。生活就像一场电影，我们都是银幕上的人物。我们认为我们有自由意志。实际上，我们只不过上演预定好的情节。

非决定论者：未来只有一部分是决定了的。我们可以用我们的意志来改变事物。历史创造了奇迹。

科学家、哲学家和普通人在未来是否完全由过去决定的这个问题上产生了严重的分歧。决定论者认为在任何一个给定的时刻，宇宙的整体状态决定了未来任何一个给定的时刻的宇宙整体状态。这是爱因斯坦的个人观点。在所有支持决定论的最伟大的哲学家中，本尼迪克特·斯宾诺莎就是其中之一。爱因斯坦认为自己是斯宾诺莎主义者。这是爱因斯坦从未接受量子理论是最终理论的原因之一，因为在量子论中，偶然性在决定微观层面的事件方面起着基础性作用。"我不相信上帝会和宇宙玩投骰子的游戏"，爱因斯坦曾经这么解释。

非决定论者认为，宇宙的未来只是部分地由它现在的状态决定。他不需要相信自由意志。他相信的也许只不过是偶然性的作用在微观上阻止未来被完全决定。另外，他可能会相信，所有生物，尤其是人类都拥有"自由意志"，这种意志给予了他们能够很大程度上以即便那些超人也是无法预知的方式改变未来的力量，尽管"超人"对当今宇宙无所不知。查尔斯·皮尔斯和威廉·詹姆斯是支持非决定论的两个著名的美国哲学家。

这些深奥的哲学问题与时间的本质紧密相连，还有我们说一件事"引起"另一件事时，我们所说的意思也涉及这些问题。没有人怀疑，数学可凭以下方式应用于我们对宇宙的测量：即很多事件可以几近完美的精度预测出来，例如，下一次日食的时间。没有人否认其他一些事件，例如，一个骰子的下落方式，或下周的天气情况，实际上不可能被精确预测，因为导致其发生的因素太复杂了。

最大的问题是：宇宙的基本法则是否是完全决定的，或者那些真正的创意是否由纯粹微观上的偶然性产生的，或者是否是由宏观上的生命体的自由意志产生的，或者是由纯粹机会也是由自由意志两方面共同作用产生出来的。这些问题古希腊人争辩过，此后科学家、哲学家以及所有其他人一直在争论不休。